国家出版基金项目
NATIONAL PUBLICATION FOUNDATION

“十二五”国家重点图书出版规划项目

CHINA WETLANDS RESOURCES
Tibet Volume

中国湿地资源

西藏卷

◎ 国家林业局组织编写

中国林業出版社

图书在版编目（CIP）数据

中国湿地资源·西藏卷／国家林业局组织编写；雷桂龙分册主编．－北京：中国林业出版社，2015.12

“十二五”国家重点图书出版规划项目

ISBN 978-7-5038-8332-3

Ⅰ.①中… Ⅱ.①国… ②雷… Ⅲ.①湿地资源－研究－西藏 Ⅳ.① P942.078

中国版本图书馆 CIP 数据核字（2015）第 296626 号

审图号：藏 S（2014）003 号

总 策 划：金　旻

策划编辑：徐小英

主要编辑：徐小英　刘香瑞　李　伟

何　鹏　于界芬

美术编辑：赵　芳

出版发行　中国林业出版社（100009　北京西城区刘海胡同 7 号）

http://lycb.forestry.gov.cn

E-mail:forestbook@163.com　电话：(010)83143515、83143543

设计制作　北京捷艺轩彩印制版有限公司

印刷装订　北京中科印刷有限公司

版　　次　2015 年 12 月第 1 版

印　　次　2015 年 12 月第 1 次

开　　本　787mm × 1092mm　1/16

字　　数　294 千字

印　　张　11.5

定　　价　85.00 元

中国湿地资源系列图书
编撰工作领导小组

顾　问：陈宜瑜　李文华　刘兴土

组　长：张永利

副组长：马广仁

成　员：（按姓氏笔画排序）

王文宇　王忠武　王海洋　韦纯良　邓乃平　邓三龙
兰宏良　刘建武　刘艳玲　刘新池　李　兴　李三原
李永林　来景刚　吴　亚　张宗启　陆月星　陈则生
陈传进　陈俊光　林云举　呼　群　金　旻　金小麒
周光辉　降　初　孟　沙　侯新华　夏春胜　党晓勇
徐济德　奚克路　阎钢军　程中才　雷桂龙　蔡炳华
樊　辉

中国湿地资源系列图书
编撰工作领导小组办公室

主　任：马广仁

副主任：鲍达明　唐小平　熊智平　马洪兵

成　员：王福田　姬文元　刘　平　闫宏伟　李　忠　田亚玲
王志臣　张阳武　但新球　刘世好　王　侠　徐小英

《中国湿地资源·西藏卷》
编辑委员会

《中国湿地资源·西藏卷》
编写组

主　编：雷桂龙

副主编：宗　嘎　朱雪林　李炳章

编著者：雷桂龙　宗　嘎　朱雪林　李炳章　吕永磊　边巴多吉
普布顿珠　黄　哲　梁文业　吴建普　陈　越
次　平　次　多　吴照柏　舒　勇　罗　红　熊艳阳
张虎成　吴云华

主　审：刘务林　但新球

地图绘制：吕永磊

插图绘制：吕永磊

照片摄影：刘务林　朱雪林　李炳章　吕永磊　普布顿珠　边巴多吉
吴建普　次　平　丹　丁　梁文业

总 序

湿地是地球表层系统的重要组成部分，是自然界最具生产力的生态系统和人类文明的发祥地之一。在联合国环境规划署（UNEP）委托世界自然保护联盟（IUCN）编制的《世界自然资源保护大纲》中，湿地与森林和海洋一起并称为全球三大生态系统。湿地具有类型多样、分布广泛的特点；湿地更重要的是还具有多种供给、调节、支持与文化服务功能，是人类重要的生存环境和资源资本。湿地与人类生产生活和社会经济发展息息相关。湿地的重要性受到世界各国和国际社会的普遍关注。早在1971年，国际社会就建立了全球第一个政府间多边环境公约，即《关于特别是作为水禽栖息地的国际重要湿地公约》（简称《湿地公约》）。同时，该公约也是全球最早针对单一生态系统保护的国际公约。1992年中国加入《湿地公约》，自此我国湿地保护事业进入了新的发展时期。

我国加入《湿地公约》后，在国家林业局设立了专门的湿地保护和履约机构，对内负责组织、协调、指导和监督全国湿地保护工作，对外负责《湿地公约》的履约工作。近年来，中国各级政府在湿地保护方面开展了大量卓有成效的工作，采取了一系列保护和合理利用湿地资源的措施，在湿地保护规划和重点工程建设、财政补贴政策制定实施、法规制度建设、保护体系建设、科研监测、宣传教育和国际合作等方面取得了长足进步。但我国湿地生态系统仍然面临着盲目围垦与改造、污染、水土流失、泥沙淤积、生物资源过度利用等多种因素的破坏和威胁，导致面积减少，生态功能下降，生物多样性丧失。因此，切实保护和合理利用湿地资源，既是保障生态安全和国土安全的当务之急，更是中国实施可持续发展战略势在必行的要务。

开展湿地资源调查，摸清湿地资源家底，把握湿地资源动态，是所有湿地保护工作的基础，也是履行《湿地公约》各项工作的根基。2009～2013年，在中央财政的支持下，国家林业局组织开展了第二次全国湿地资源调查工作。在此期间，我有幸作为第二次全国湿地资源调查专家技术委员会的主任委员，和其他专家一起全程参与了此次湿地资源调查的主要技术环节和成果鉴定。

我认为此次调查具有以下几个特点：一是，此次调查的湿地分类、界定标准、调查方法基本与《湿地公约》规定相接轨，使得调查数据符合《湿地公约》的要求，调查成果易于被国际认可，便于国际间的对比和交流。二是，制定了内容全面、方法科学、符合国际标准的统一技术规程《全国湿地资源调查技术规程（试行）》，进行了同标准、同口径的分期分批调查。三是，本次调查利用"3S"技术与现地验证相结合的技术方法，查清了全国范围内（未包括香港、澳门、台湾）8 公顷以上的湿地资源基本情况。四是，湿地调查分为一般调查和重点调查。重点调查包括，国际重要湿地、国家重要湿地、自然保护区（含自然保护小区）和湿地公园内的湿地以及其他特有、分布濒危物种和红树林等具有特殊保护价值的湿地。五是，组织保障有力。国家层面上，成立了第二次全国湿地资源调查领导小组、专家技术委员会、中央技术支撑单位和国家质量检查组；省级层面上，分别成立了湿地调查专职机构，组建了省级专业调查队伍。

需要指出的是，第二次全国湿地资源调查期间，我国湿地保护事业发展迅速。2009 年，中央启动了“湿地生态效益补偿试点”工作；2010 年开始，中央财政设立了湿地保护补助专项资金；2012 年，党的十八大将建设生态文明纳入中国特色社会主义事业“五位一体”总体布局，提出要“扩大森林、湖泊、湿地面积，保护生物多样性”。期间，国家林业局会同相关部门认真实施了《全国湿地保护工程实施规划 (2005 ～ 2010 年)》和《全国湿地保护工程“十二五”实施规划》。2013 年，国家林业局出台的《推进生态文明建设规划纲要》划定了湿地保护红线，到 2020 年中国湿地面积不少于 8 亿亩。2013 年，国家林业局出台了第一部国家层面的湿地保护部门规章《湿地保护管理规定》。应该说，历时 5 年的湿地资源调查与同期湿地保护事业的发展，是休戚相关，相互促进的。

第二次全国湿地资源调查取得了丰硕成果。在全球范围内，我国率先完成了《湿地公约》倡导的国家湿地资源调查，首次科学、系统地查明了《湿地公约》所定义的我国湿地资源情况。建立了完整的全国湿地资源空间数据库和属性数据库，掌握了近 10 年来湿地资源动态变化情况，建立了稳定的湿地资源调查专业队伍和专家团队，形成了较为完整的湿地资源调查监测技术规范，完成了全国湿地资源总报告、分省报告和多个专题报告，编制了系列成果图。调查成果达到国际先进水平。

党的十八大对建设生态文明作出了全面部署，强调把生态文明建设放在突出地位，融入经济建设、政治建设、文化建设、社会建设各方面和全过程。在全国第二次湿地资源调查成果的基础上，系统编著形成了中国湿地资源系列图书，为新时期我国湿地保护事业奠定了坚实基础。希望本系列图书能够为我国湿地工作者在开展湿地研究、保护与合理利用工作时提供参考和借鉴。

中国科学院院士

2015 年 9 月

前言

湿地与森林、海洋并称为全球三大生态系统，不仅为人类提供多种可直接利用的资源，在保持水源、净化水质、蓄洪防旱、调节气候和维护生物多样性等方面还发挥着不可替代的巨大生态功能，被誉为“地球之肾”“淡水之源”“物种基因库”等。湿地是自然生态环境的重要组成部分，健康的湿地生态系统是区域生态安全体系的重要组成和经济社会可持续发展的重要基础。

西藏是青藏高原的主体，包括高山深谷、山原宽谷、高山湖盆、中山河谷和高原低山丘陵湖盆 5 类大地貌，平均海拔 4000 米以上，高原地貌特征显著。古地中海的西撤在高原腹地撒下了星罗棋布的湖群，巨大的冰川、冻土以及湖泊、湿地孕育了广阔的沼泽和亚洲多条著名国际河流。西藏湿地分布广泛，湖泊湿地、河流湿地、沼泽湿地等自然湿地与库塘等人工湿地在全区均有分布，是全国湿地资源最为丰富的省区之一。西藏自治区党委、政府历来高度重视生态文明建设，尤其是湿地保护工作。2004 年，自治区人民政府下发了《关于加强湿地保护管理的通知》（藏政办发 [2004]76 号），明确各级政府要进一步明确湿地生态系统在国家生态安全体系和我区社会经济可持续发展中的重大作用，要把加强湿地保护，恢复湿地功能，作为改善生态状况和全面建设小康社会的一件大事，予以高度重视，切实抓紧抓好。国务院在 2009 年 2 月 18 日，第五十次常务工作会议上通过了《西藏生态安全屏障的保护和建设规划（2008 ~2030 年》，将包括湿地保护与恢复工程在内的西藏生态安全屏障保护和建设工程确定为国家的重点工程。西藏自治区人大于 2011 年 3 月颁布《西藏自治区湿地保护条例》，这标志着拥有全国第二大湿地面积的西藏开始依法保护湿地资源。

按照国家林业局的统一部署，西藏于 2010 年 1 月至 2013 年 9 月组织开展了全区湿地资源调查工作。根据《全国湿地资源调查技术规程（试行）》及《全国湿地资源调查工作方案》，结合我区湿地资源保护和管理的实际情况，调查单位编制了《西藏自治区湿地资源调查工作方案》和《西藏自治区湿地资源调查实施细则》。2010 年 5 月，自治区湿地资源调查工作领导小组在拉萨召开了西藏第二次湿地资源调查启动会暨湿地资源调查技术培训班，自治区分管副主席、国家林业局湿地保护管理中心、自治区林业厅领导出席会议并作了重要讲话，全区从事湿地保护的主要技术人员共计 245 人参加了培训。培训结束后，又组织主要技术人员深入羌塘高原申扎县开展野外调查试点，进一步统一调查方法与工作流程。本次调查统计投入 500 多人，组成 10 个调查工组，分赴各地（市）、县（市、区）全面开展湿地资源外业调查。12 月外业调查结束转入内业统计分析与成果报告编制。2011 年 5 月，全区湿地资源调查成果通过了技术支撑单位——国家林业局中南林业调查规划设计院的技术审查；6 月，调查成果报告通过了自治区林业厅组织的专家会议审查；9 月，国家林业局湿地保护管理中心第二次全国湿地资源调查验收工作组对西藏自治区湿地资源调查工作进行了验收，并顺利通过。西藏自治区湿地调查历时 3 年，在遥感数据全区覆盖的前提下，运用“3S”技术与现地调查相结合的方法，统一采取了遥感数据室内判读、现地验证和实地调查、调查结果室内修正工作流程。调查共获取成果数据近 4 万条，包括湿地类型、面积、分布、受威胁情况和生态状况等信息。调查成果经过了由多学科、多行业专家组成的成果鉴定委员会的审核，调查成果科学、准确、真实、可靠。

调查结果显示：近年来，西藏自然湿地保护初见成效。本次调查西藏湿地面积 652.90 万公顷，湿地率为 5.31%、湿地保护率 68.10%。西藏已经建立各级湿地类自然保护区达 19 处，这 19 处自然保护区内湿地面积合计达 320.51 万公顷，占西藏湿地面积的 49.09%；建立多庆错等国家湿地公园 10 处，这 10 处湿地公园内湿地面积合计为 20.55 万公顷。区内聂荣、安多沼泽湿地、那曲沼泽湿地、班戈东部湖群区沼泽、马泉河、大竹卡、玛尔盖茶卡、打加错、乌马曲沼泽湿地、羊八井沼泽湿地已列入《中国湿地保护行动计划》国家重要湿地名录。玛旁雍错、麦地卡自治区级自然保护区于 2005 年列入国际重要湿地名录，湿地保护工作逐步走入正轨。

《中国湿地资源 · 西藏卷》在总结分析全区第二次湿地资源调查成果的基础上，全面系统地介绍了全区湿地资源，数据翔实、内容丰富、实用性强，为全区湿地保护管理、规划决策、政策制定、科研监测、合理利用等提供了科学依据，同时也是公众认识和了解湿地，普及湿地知识、传播湿地文化的良好载体。

《中国湿地资源 · 西藏卷》编委会

2015 年 12 月

目　录

第一章 基本情况

第一节 自然概况

1 地理位置

西藏自治区地处祖国西南边陲，其界线范围北以昆仑山、唐古拉山山脊为界，与新疆维吾尔自治区和青海省毗邻；东隔金沙江，与四川省相望；东南与云南省相邻；南界为喜马拉雅山脉，与尼泊尔、印度、不丹和缅甸等国接壤；西邻克什米尔地区。地理位置为东经78°15′~99°07′，北纬26°50′~36°29′。东西长约2000公里，南北宽达1000公里，辖区面积约122万平方公里，占全国国土面积的12.50%，仅次于新疆维吾尔自治区，为我国第二大省份。西藏自治区边境线长达4000多公里，占全国陆地边境线的1/6以上，是我国西南边疆的重要门户和屏障，战略地位十分重要。

2 地质地貌

2.1 地　质

西藏是青藏高原的主体，其构造格局展示出以数条对接带为特征的板块嵌合结构。整个西藏的大地构造是经过印支、燕山等多次构造运动，古、新特提斯洋闭合，多个地块拼合后，又经中新世末的喜马拉雅运动(印度板块的俯冲、推覆)形成的，是特提斯构造的重要组成部分。

西藏的区域地质构造一般划分为两大部分：雅鲁藏布江以南，为喜马拉雅新生代构造带(地槽)；雅鲁藏布江以北，为藏北中生代构造带(地槽褶皱区)，或称西藏地块(台)。西藏地块，从北向南分为3个构造带：昆仑山海西—印支褶皱带、唐古拉燕山早期褶皱带、冈底斯燕山晚期褶皱带。它们分别以龙木错—马尔盖茶卡(约基台错)—金沙江深断裂和班公错—色林错—怒江深断裂为界。据最新的地层资料，各带脱离海侵成陆的时代依次是晚三叠纪、晚侏罗纪和晚白垩纪。喜马拉雅和西藏地块发展历史各不相同，但是从白垩纪末至第三纪初开始，以西藏古地中海的消亡为标志，喜马拉雅同西藏地块便拼合到一起，进入了新的地质地貌发展过程。

西藏自治区的区域构造—地层格架以班公湖—丁青—碧土—昌宁—孟连结合带为界，自北东向南西划分为两大构造—地层区：羌塘—三江（扬子）构造—地层大区；滇藏（印度）构造—地层大区。

2.1.1 羌塘—三江（扬子）构造—地层大区

本区北与新疆、青海交界，南以班公错—色林错—那曲—怒江结合带为界，构造位置上相当于泛华夏大陆晚古生代羌塘—三江构造区。西藏出露的最老的地层为元古界，主要为一套结晶片岩、片麻岩、变粒岩、大理岩、绿片岩等。晚古生代地层分布较广，泥盆系碎屑岩区域上沉积不整合在下古生界之上，局部缺失早泥盆世地层。上古生界主要为一套海相碳酸盐岩与碎屑岩组合，超基性岩、基性—中基性火山岩大量分布。中—新生代地层尤其是三叠系分布最为广泛，岩相和岩石组合区域变化最为强烈；三叠系主体以一套次稳定—活动型的海相碎屑岩为主，含碳酸盐岩和基性—中基性火山岩大量分布；在昌都的江达地区早三叠世地层不整合在下伏地层之上，昌都地区缺失早—中三叠世地层，晚三叠世地层区域上较广泛不整合在下伏地层之上，主体为一套陆相碎屑岩—海陆交互相碎屑岩夹碳酸盐岩—浅海相碳酸盐岩组合序列，局部地区发育基性和中酸性火山岩。侏罗系主体分布在羌北—昌都区及羌南区内，为一套海相—海陆交互相碳酸盐岩和碎屑岩组合。白垩系除羌塘地区局部发育海相沉积之外，大部地区为一套陆相碎屑岩沉积。古近系、新近系在内陆盆地内分布，范围不大。

2.1.2 滇藏（印度）构造—地层大区

班公湖—怒江结合带以南的广大区域，构造位置上相当于冈瓦纳北缘晚古生代—中生代冈底斯—喜马拉雅构造区，包括：班公湖—怒江区、冈底斯—腾冲区、雅鲁藏布江区、喜马拉雅区等次级构造—地层区。元古界分布于冈底斯—腾冲区和喜马拉雅区中，主体为一套中深变质的片麻岩、大理岩、石英岩和片岩等，含高压超高压变质岩——高压麻粒岩、角闪石岩、榴闪岩等暗色“包体”。其上覆盖层主要为奥陶纪稳定型沉积盖层。古生界在区内广泛分布，古生物化石门类多、数量丰富；下古生界主要为一套较稳定的台型海相碳酸盐岩与碎屑岩沉积；上古生界在喜马拉雅区内主体为一套稳定—次稳定型的海相碎屑岩和碳酸盐岩组合，二叠系中发育基性火山岩夹层和冰水杂砾岩；在冈底斯—腾冲区内主体为一套次稳定型—活动型的海相碎屑岩和碳酸盐岩沉积，石炭系—二叠系中发育基性、中性、中酸性火山岩。中生代地层亦较广泛分布，古生物化石非常丰富；喜马拉雅区内的中生代地层基本为一连续沉积，主体为一套稳定型—次稳定型海相碎屑岩和碳酸盐岩组合，夹层有基性、中基性火山岩；冈底斯—腾冲区内的中生代地层发育不全，大部地区缺失中、下三叠统和下侏罗统，表现为晚三叠世或中、晚侏罗世地层尤其是晚白垩世地层区域广泛不整合在下伏地层之上，主体为一套海相—海陆交互相碎屑岩夹碳酸盐岩组合，发育大量的中酸性火山岩。古近系、新近系在区内分布较广，除在喜马拉雅区古近系下部分布有滨浅海相的碎屑岩夹碳酸盐岩沉积外，其余大部地区为一套内陆盆地陆相碎屑岩系；新生代亦发育大量的高钾钙碱性火山岩系。

2.2 地 貌

西藏地貌大致可分为藏北高原湖盆区、藏南山原湖盆谷地区、喜马拉雅高山区和藏东高山峡谷区。

(1)藏北高原湖盆区：该区位于西藏中部及北部，约占自治区面积的2/3。该区北及北东是昆仑山脉与唐古拉山脉，南及南东是冈底斯与念青唐古拉山脉，在这些山脉之间构成了一个巨大的封闭区域，海拔平均约5000米以上，称内部高原。

内部高原发育有两级夷平面，一级夷平面即为原始山原面，海拔5200～5500米，其间有一系列顶面宽缓、波状起伏的低山丘陵。区内保存了面积宽阔、较为完整的二级夷平面，即盆地面，表现为一系列低山丘陵之间的宽几公里至几十公里的湖盆与宽谷，海拔为4500～5000米。盆地面呈阶梯状分布，北面在昆仑山南麓海拔为5000米，往南在喀喇昆仑山与唐古拉山一带海拔为4700～4800米。在班公错—怒江上游流域平均海拔4400米，是区内海拔最低、形态完整、延伸最长的一个大型低洼带，称中间低洼带，全长约2000公里，宽约40公里；再向南在冈底斯山北麓又升至4800～4900米。中间低洼带北侧分布北湖盆区，共有湖泊459个，总面积约9196.5平方公里，由北向南按湖面海拔高度可分为三级，即5300～5100米、5000～4800米、4700～4600米。低洼带南侧分布南湖盆区，共有湖泊318个，总面积15524.3平方公里，按湖面海拔高度也可分为三级，由南向北逐渐降低，其高度分别为4800米、4700～4500米与4300～4200米。区内水道没有出口，为内陆流域区，地表径流贫乏，河流短小，长度一般小于50公里，河曲发育或呈漫流，形成数以千计的独立中心水系，并以内陆湖为归宿。内部高原的地面大都是石碛，牧草稀少，为高寒荒漠，是青藏高原最荒凉的地区，人称"生命禁区"，地质营力以冰川、冻土、寒冻风化占优势。

(2)藏南山原湖盆谷地区：该区位于冈底斯山—念青唐古拉山脉和喜马拉雅山脉之间，主要由雅鲁藏布江及其支流冲积的河谷组成，其中发育河谷平原，海拔在4000米以下，以拉萨河谷平原最为宽阔。从喜马拉雅山北坡至冈底斯山—念青唐古拉山脉南坡之间，南北向断陷构造叠置在呈东西向展布的喜马拉雅后造山带之上，自东而西包括：桑日—错那、当雄—羊八井—多庆错、申扎—谢通门—定结、当惹雍错—古错、夏冈江—杰萨错、仑木错—帕龙错和阿鲁错—错那错—阿果错等狭窄盆地。地貌上形成许多宽窄不一的河谷平地和湖盆谷地。河谷平地如拉萨河、年楚河、尼洋曲等，谷宽一般5～8公里，长70～100公里，地形平坦，土质肥沃，沟渠纵横，富饶而美丽，为西藏主要的农业区。湖盆谷地如札达盆地、马泉河宽谷盆地、喜马拉雅山中段北麓湖盆谷地、羊卓雍错高原湖泊区等。区内水系分布格局受断裂构造控制，河流属印度洋水系，以雅鲁藏布江最为重要，呈近东西向展布，在南迦巴瓦峰北呈"大拐弯"切过喜马拉雅山地后返回折转成南北向。位于高原面上的河流河谷宽广，坡降缓，河漫滩与阶地发育。位于高原面南部边缘地带的河流河谷深切，山高谷深，水流湍急，其中一些河流切穿喜马拉雅山主脊，源头位于喜马拉雅山北坡。

(3)喜马拉雅高山区：该区位于高原主体的最南部，为高山、极高山区。喜马拉雅山脉，呈近东西方向的大弧形展布，全长约2400公里，宽约200～300公里，由若干大致东西走向的平行山脉组成，平均海拔6000米左右，南壁陡立于印度河与恒河平原之北。中尼边境的珠穆朗玛峰，海拔8848米，是世界最高峰。其周围5000多平方公里内有8000米以上的高峰4座，7000米以上的高峰38座。喜马拉雅山顶部长年覆盖冰雪，山上发育了许多规模巨大的现代冰川，冰斗、角峰、刃脊等冰川地貌广泛分布。

(4)藏东高山峡谷区：该区即著名的横断山地。大致位于那曲以东，为一系列东西走向逐渐转为南北走向的高山深谷，其间挟持着怒江、澜沧江和金沙江，简称东部三江。在高原隆升过程中，怒江、澜沧江和金沙江沿断裂下切形成深谷，夷平面形成梁状的平顶山，构成山原面，平均海拔4600米左右。盆地面为宽谷和谷肩，越往东南方向，河流切割越深，河谷的切割深度达2000~2500米，谷底海拔一般为1000~2000米，而河流之间的分水岭则高达4000~5000米。

该区地势北高南低，地貌复杂，从西往东由伯舒拉岭、他念他翁山和芒康山组成。伯舒拉岭是念青唐古拉山延续部分，它是帕隆藏布和怒江水系的分水岭。他念他翁山是唐古拉山的东延部分，是横断山中最长的一支，构成怒江和澜沧江的分水岭。芒康山是唐古拉山东延的另一分支，构成澜沧江和金沙江的分水岭。该区北部海拔5200米左右，山顶平缓；南部海拔4000米以下，山势比较陡峻，顶谷高差可达2500米，山顶为终年不化的白雪，山腰茂密的森林与山麓四季常青的田园，构成了南部峡谷区奇特的景色。

3 气 候

西藏自治区在全国气候区划中属青藏高原气候区，其基本特点是太阳辐射强烈、日照时间长、气温低、空气稀薄、大气干洁、干湿季分明、冬春季多大风。

3.1 太阳总辐射和日照

太阳年总辐射值西藏自治区是全国最高的，其西北高原面上大于6300兆焦/平方米，索县—嘉黎—错那一线以东小于6300兆焦/平方米，比同纬度的中国东部地区高2440~4620兆焦/平方米。太阳辐射值高，有利于光合作用的增强，进而增加作物和林草的生产力，有利于提高地面、近地面以及植株表面温度，在农牧业生产上有重要意义。西藏自治区除东南部外，年日照时数一般在2000小时以上，日照百分率超过50.00%，呈现东南低，西北高的特点。

3.2 温 度

西藏自治区气温地域差异明显。高原东南部河谷地区气温高，并表现出明显的垂直变化。温度最高的地方分布于雅鲁藏布江大拐弯以南低山区和横断山脉地区的“三江”并流区，年平均气温分别在16℃和10℃以上，最热月平均气温分别在22℃和15℃以上。藏西北高原温度低，多数地区年平均气温0℃以下，最冷月平均气温低于-10℃，极端最低温度达-44.6℃，一年中月平均气温在0℃以下的月份长达6~7个月，大部分地区无霜期只有10~20天。

气温年较差较小，但从东南往西北有增大趋势。气温日较差大，一天中升温和降温迅速，在冬季尤为显著。藏北高原1月平均日较差达10℃以上。

3.3 降 水

西藏自治区降水主要受西南暖湿季风支配，形成年降水量的空间变化规律如下：藏东南低山平原区年降水量达4000毫米以上，是我国降水量最多的地区之一。由此向高原西北地区逐渐减少，藏北羌塘高原为300~100毫米，藏西北改则县以西不足100毫米。

西藏自治区降水季节分配极不均匀，干湿季非常明显。喜马拉雅山南坡雨季(6~9月)降水量占全年降水量50%以上，高原内部雨季降水量占年降水量70%~90%。此外，西藏降水日变化非常明显，夜雨率达50%以上。其中，泽当、拉萨、日喀则和朋曲流域的定日等地达80%。夜雨有利于各种植物和作物的生长发育。

西藏自治区降水多为雷阵雨和固态降水。除藏东南地区外，其他地区冰雹、雪、霜等固态降水任何季节都可出现。

3.4 风

西藏自治区不仅大风多、强度大，而且连续出现的时间长，那曲、申扎、改则和狮泉河年均大风(≥8级)出现日数均在100天以上。大风多出现在12月至翌年5月，此期间大风日数占全年的75.00%左右。又以2～4月最为集中，占全年大风日数的50.00%左右，也是沙尘暴和沙尘天气最易发生的季节。大风集中于冬、春两季，加之降水极少，对农牧业生产极为不利。

4 水 文

西藏自治区是我国河流与湖泊最多的省份之一，同时又是冰川分布最集中的地方。流域面积大于1万平方公里的河流有20多条。亚洲著名的长江、萨尔温江、湄公河、印度河、布拉马普特拉河都源于或流经西藏。西藏自治区湖泊面积约占全国湖泊面积的1/3，高原湖群与我国长江中下游湖泊群相遥望，构成我国东西两大湖群。西藏自治区冰川面积占全国冰川面积的48.20%。据西藏自治区水利厅调查资料，区内全年多年平均径流量约达4482亿立方米，占全国的16.50%，居全国第一位。

4.1 河 流

西藏自治区河流分外流与内流两大系统。外流水系主要包括雅鲁藏布江、金沙江、澜沧江、怒江、狮泉河、象泉河、朋曲和察隅曲等。其中除金沙江外，均为国际河流。外流水系的流域面积占西藏自治区土地面积的48.00%，内流水系流域面积占西藏自治区土地面积的52.00%。

西藏自治区河流补给可分为3类：降水、地下水补给河流，主要分布于藏东南和藏东“三江”流域区；降水、融水、地下水补给河流，主要分布于雅鲁藏布江中上游和藏西阿里地区；融水补给河流，主要分布于藏北羌塘高原内流水系区。

4.2 湖 泊

西藏自治区不仅是世界上海拔最高的高原湖沼分布区，而且是我国湖泊、沼泽分布最集中的区域之一。西藏自治区大于或等于8公顷的湖泊有5466个，面积达303.52万公顷。其中大于100公顷的湖泊有1012个，面积292.65万公顷。湖泊矿化度由藏东南向藏西北和由藏南向藏北增高，呈现淡水—微咸水—咸水—盐湖—干盐湖的分布趋势。西藏湖泊分为三大区：藏东南外流湖区为淡水湖；藏南外泄、内陆湖区为淡水湖、咸水湖或半咸水湖；藏北内陆湖区多为咸水湖，其次为盐湖和干盐湖。

4.3 冰 川

冰川融水是西藏自治区湿地的重要补给源。冰川融水一方面补给河流，另一方面也不断补给沼泽。西藏高原是世界上山地冰川最发育的地区，有海洋性冰川和大陆性冰川两大类型，共22468条，面积28645平方公里，分别占全国冰川条数的48.50%和面积的48.20%。海洋性冰川主要分布于喜马拉雅山南侧和念青唐古拉山东段；大陆性冰川主要分布在冈底斯山、念青唐古拉山西段、喀喇昆仑山和唐古拉山。冰川融水径流325亿立方米，约占全国冰川融水径流的53.60%。75.00%的冰川分布于外流水系流域；25.00%分布于藏北内陆水系流域。

4.4 地下水

西藏自治区地下水较丰富，地表径流有近三分之一由地下水补给。地下水补给模数高值区分布于雅鲁藏布江下游及藏东南喜马拉雅山南翼诸河流，年补给量高达53万立方米/平方公里以上，低值区分布于藏西诸河及藏北羌塘内流水系区。

4.5 地热资源

西藏自治区地热资源与青藏高原在发育中形成的断裂带有关。高原在大面积大幅度隆起的过程中，由于新构造运动的内部差异性，表现在断裂上升、断裂下降和断裂的掀开上。新构造运动使老的断裂复活，强化了高原的构造地形。在沿断裂带上，由断裂产生的热量和岩浆运动使高温地下水由断层喷涌形成地热，包括温泉、热泉、沸泉、沸喷泉、水热爆炸、间歇泉等，是中国地热活动最强烈的地区，各种地热几乎遍及全区，有664处。地热水量大，多以热水、温水形式出露，矿化度相对较高，地热能蕴藏量居全国首位。在调查过的169个热田和水热区中，温度高于80℃的占22.00%；温度60～80℃的占26.00%；温度40～60℃的占35.00%；温度低于40℃的占17.00%。西藏自治区地热总热流量为每秒231万千焦。各地蕴藏丰富的地热发电潜力，山南地区8万千瓦，日喀则地区16万千瓦，那曲地区2.7万千瓦，阿里地区9.2万千瓦，拉萨地区4.7万千瓦，昌都地区0.75万千瓦，总发电潜力40多万千瓦(张治勋，1980)。除发电外，地热资源在住房取暖、蔬菜温室、医疗、洗浴等方面都有广泛的应用。地热湿地是以地热矿泉水补给为主的沼泽，在植物群落上以水生植物为主，是西藏较特殊的一类湿地类型。本次调查，全区地热湿地斑块共计28个，总面积4396.69公顷。其中，一般调查地热湿地斑块16个，面积2001.83公顷；重点调查的地热湿地斑块12个，面积2394.86公顷。

5 土 壤

西藏自治区境内土壤类型多样，具有从热带到高山冰缘环境的各种土壤类型，大体上可划分为两大系统：一是大陆性荒漠土、草原土、草甸土系统，包括高原面上各种草被下发育的高寒土类；二是海洋性森林土系统，包括藏东南和喜马拉雅山南翼各类森林及高山灌丛植被下发育的土壤。两大系统共有29个土类，70个亚类，362个土属和2238个土种。西藏高原自然条件的特殊性，反映在土壤特征上具有成土过程的年轻性和土壤发生的多元性以及土壤近期发育的恶化性。

结合本次湿地调查，发现西藏自治区全部土类在湿地内都有分布，现将几种主要的湿地土壤类型的特点分述如下：

(1)寒漠土：寒漠土是高山冰缘地带的原始土壤。土层浅薄，通体大量砾石，地表常为岩石碎屑组成的岩幂层，下伏发育原始的腐殖质层，其下部有不明显的鳞片状结构，再下过渡为岩砾层或永冻层，永冻层之上常因融雪溶冻水潴积而出现锈纹或弱潜育化特征。通过寒冻机械风化作用与原始成土过程而成土。

(2)高山草甸土：高山草甸土是西藏自治区广泛分布的主要草地土类。多呈块状与碎石地插花分布于土壤表面。分化简单，土表为原始草皮层，腐解程度极差，大多较致密紧实；草皮层之下有弱发育腐殖质层，以此区别于寒漠土，向下过渡是碎石为主的母质层。通过生草腐殖质积累和冻融氧化还原过程而成土。

(3)泥炭土：泥炭土是在某些河湖沉积低平原及山间谷地中，由于长期积水，水生植被茂密，在缺氧情况下，大量分解不充分的植物残体积累并形成的泥炭层土壤。泥炭土是具有厚度>50厘米的泥炭层的潜育性土壤，多分布于冷湿地区的低洼地。地表可有厚20~30厘米的草根层，草根层下为泥炭层和矿质潜育层，有时泥炭层下还有腐殖质过渡层。泥炭土类划分3个亚类。

(4)山地草甸土：山地草甸土剖面一般较薄，在草皮层下，通常仅见薄层土壤，个别地段土层略较厚，土质地轻，颗粒粗，且多含石砾。通过腐殖质积累、矿物风化、潴水氧化还原反应过程而成土。

(5)漠土：漠土是西藏自治区的特殊地带性土壤类型。土层浅薄，一般在40厘米左右。表层为孔状结皮层，松脆；亚表层有轻度黏化，根系也比较集中；剖面中部为钙积层，碳酸钙多呈灰白色粉末状淀积。富含石砾，粗骨性强。通过冻融—原始荒漠化过程而成土。

(6)褐土：褐土是藏东南干暖河谷的代表性土类。母质复杂，以紫色、杂色砂页岩，石灰岩，多种变质岩及中酸性岩浆岩的残积—坡积物为主，在沿江两岸为洪积物和冲积物，此外还有黄土状母质。通过生草、弱森林腐殖质积累，钙化、黏化过程而成土。

(7)灰褐土：灰褐土是藏东高山垂直地带旱生森林下具有钙积特征的一类土壤，垂直分布位置在褐土之上，其上进入高山草甸土带。成土母质较为复杂，以各种中酸性岩浆岩、变质岩、碳酸盐岩及砂页岩等的残坡积物为主，少部分为洪积物和冲积物等。通过弱森林腐殖质积累与钙化过程而成土。

(8)黄棕壤：黄棕壤土层厚薄不一，薄的40~60厘米，厚的可达100厘米以上。腐殖质层富含有机质，呈暗棕或黑棕色；淀积层呈黄或黄棕色，结构面上可见铁锰胶膜。母质以富含石英的黄冈岩、片麻岩等风化物为主。通过森林腐殖质积累与弱富铁铝化过程而成土。

(9)棕壤：棕壤为山地暖温带湿润森林土壤，成土母质主要为花岗岩、混合岩、板岩、千枚岩和石灰岩等的残积—坡积物，部分为洪积物和冲积物。通过森林腐殖质积累与酸性淋溶棕化过程而成土。

(10)暗棕壤：暗棕壤是藏东和藏南高山针叶林下发育的具有明显有机质积累和弱酸性淋溶的土壤类型，成土母质有花岗岩、片岩、板岩、页岩、砂岩等的残坡积物，以及洪积物等。通过森林腐殖质积累与弱酸性淋溶棕化过程而成土。

(11)灰化土：灰化土土壤层次分化明显，一般由凋落物层、腐殖质层、灰化淋溶层和腐殖质铁铝淀积层组成。成土母质以花岗岩、花岗片麻岩和片麻岩等的残积、坡积物为主。通过森林腐殖质积累与酸性淋溶灰化过程而成土。

(12)黄壤：黄壤是具有富铝化和黄化特征的森林土壤，一般由枯枝落叶层、腐殖质层、淀积层组成，含较多的岩石风化碎屑。成土母质主要为富含石英的花岗岩、片麻岩、砂板岩等的残积物、坡积物和洪积物。通过森林腐殖质积累与淋溶、黏化、富铁铝化过程而成土。

(13)红壤、赤红壤、砖红壤：红壤在山地土壤垂直带中，上接黄壤，下与赤红壤相连。这三类土壤在湿地中少有分布。通过脱硅富铁铝化过程而成土。

(14)草甸土：草甸土是在低平地形受地下水浸润和在相应草甸植被作用下形成的隐域性土壤。一般包括毡状草皮层、腐殖质层、氧化还原淀积层和母质层。母质层有时呈现轻度潜育化特征。通过生草腐殖质积累与氧化还原过程而成土。

(15)沼泽土：沼泽土是隐域性水成土，由草皮层、腐殖化泥炭层和潜育层组成。土层一般较厚，是湿地土壤中分布较广的一种。通过泥炭积累与还原过程而成土。沼泽土的形成包括两个成土过程：表层喜湿植物残体因土壤水分过多、通气不良、土温较低、微生物活动弱而不能迅速彻底分解，致使有机质积聚形成泥炭或腐殖质层；下层由于土壤长期渍水形成水溶性低价铁、锰化合物，形成潜育层。

(16)寒原盐土：寒原盐土是在西藏自治区境内半干旱、干旱气候区中，在局部的特殊地质、地貌和水文条件下形成的隐域性土壤。成土母质为湖积物，地表多生长耐盐植被。通过积盐过程而成土。

(17)水稻土：水稻土是以人为耕作熟化为主导过程形成的耕种土壤类型。水稻土主要分布在察隅县和墨脱县。水稻土主要分布在山地红、黄壤带和黄棕壤带内，因此，红壤、黄壤和黄棕壤是水稻土的主要起源土壤。就是说，洪冲积黄壤、红壤和黄棕壤是水稻土形成的主要母土，其原始母质，一般是花岗岩、片麻岩、副片麻岩等风化的洪积物和冲积物。通过水耕熟化与氧化还原过程而成土。

(18)潮土：潮土是江湖平原或低阶地近代沉积物经长期旱耕熟化并受地下水活动影响而形成的一类半水成土壤。潮土前身母土为草甸土，也可为冲积土，以河流冲积物和洪冲积物为主。通过旱耕熟化与氧化还原作用过程而成土。

(19)灌淤土：灌淤土是阿里地区古老灌溉农区的一类特殊耕种熟化土壤，面积小。一般由耕层、亚耕层、老灌淤熟化层和埋藏土壤层构成。通过旱作灌耕熟化过程而成土。

(20)新积土：新积土是由新近流水沉积物发育的一类幼年性土壤。主要成土母质是新近沉积的洪积物和冲积物，少量为湖积物。土体较厚，没有明显的发生层，砾石多，质地粗。无成土作用。

(21)风沙土：风沙土是一种特殊的区域性土壤，由风和沙共同作用形成。集中分布于雅鲁藏布江宽谷及其与支流汇合的河滩、阶地和山坡迎风面。土壤层次分化不明显，风化淋溶系数高，土体中化学成分基本一致。无成土作用。

(22)石质土：石质土是指不同海拔高度上的石质山地，在无植被覆盖或仅生长有稀疏植被处积累，而处于原始发育阶段的一种薄层山地土壤。一般处于高山、亚高山分布地带内，仅在岩石缝隙中长有稀疏的草本植被，覆盖度低。水分条件较差，腐殖质积累少，土层薄，有机质含量低。无成土作用。

(23)粗骨土：粗骨土是山地陡坡上发育的一类幼年性土壤，位于高山寒漠土之下，与石质土交错分布。成土母质是各种基岩的碎屑状风化物，以残积物为主。通过弱腐殖质积累作用而成土。

(24)盐土：盐土主要分布在羌塘高原，呈岛状或斑块状出现于湖滨平原、宽谷河滩及局部洼地；在藏南地区某些强烈退缩的内陆湖盆、河流洼地及温泉附近有零星分布。通过盐化、碱化过程而成土。

(25)草毡土：草毡土由表层、腐殖质过渡层构成，而表层系盘结连片草皮，呈浅灰棕色，状如毡状。砾石含量小。通过较长时期的低温冻结条件，氧化与还原过程交替而成土。

(26)黑毡土：黑毡土具毡状草皮，但腐殖化较强，色较暗，密实程度降低，韧性强，亚表层有良好的粒状结构。成土母质主要是花岗岩、片麻岩、砂岩、页岩、板岩、千枚岩及碳酸盐岩等的残积—坡积物、冰碛物、冰水沉积物和湖积物。

(27)寒冻土：寒冻土是脱离冰川影响最晚、成土年龄最短的一类土壤。土层浅薄，剖面分化不明显，由发生层、腐殖质层组成。土壤发育差，营养元素贫乏，植物生长极稀疏。

(28)冷钙土：冷钙土是西藏自治区重要的牧用土壤资源，具有发育明显的腐殖质层和钙积层。成土母质为多种岩石的残积物、坡积物、冰碛物、河湖沉积物。通过生草腐殖质积累和钙积过程而成土(表1-1)。

表1-1　西藏自治区湿地土类

代　码	土　类	代　码	土　类
10	砖红壤	40	黄壤
30	红壤	70	棕壤
50	黄棕壤	110	灰化土
80	暗棕壤	150	灰褐土
140	褐土	300	风沙土
280	新积土	360	石质土
350	粗骨土	380	潮土
370	草甸土	420	沼泽土
410	山地草甸土	480	寒原盐土
440	盐土	510	灌淤土
500	水稻土	540	黑毡土
530	草毡土	580	寒漠土
560	冷钙土	600	寒冻土
590	漠土	430	泥炭土
20	赤红壤		

6　动植物概况

西藏自治区受地势、地貌和水热条件变化的影响，形成了多种多样的植被生态系统类型，主要有森林、灌丛、草甸、草原、荒漠等。

西藏自治区的动物区系，除少数广泛分布和特殊分布的种类之外，均分属于古北界和东洋界两大界。古北界成分主要分布在高原内部，喜马拉雅和横断山脉诸大河中游以上的高山带。东洋界成分在喜马拉雅南翼和横断山脉大河中游高山带以下的河谷地带。两大界的界线在喜马拉雅山脉，沿南翼针叶林的下限，至横断山脉。在横断山脉由于高山带与谷地呈南北向伸延，两界动物的分布，在水平方向上有较大幅度的交错；在高山带与河谷地带之间垂直方向上的相互渗透现象，亦相当明显。从生态上来看，古北界地区虽然辽阔，但种类较少，而东洋界范围狭窄，限于高原的南部和东南部边缘，面积约为前者的10%，但种类丰富，其中两栖爬行类尤为突出。这一现象与各自栖息环境条件的优劣有直接的关系。

6.1 植物概况

西藏自治区植物种类丰富，据不完全统计，有高等植物6519余种。其中，苔类植物有146种，藓类植物有607种；蕨类植物有32科64属130多种；种子植物有164科1145属5296种。此外，还记录有藻类植物2376种，真菌878种。西藏自治区的植物区系成分复杂。按吴征镒系统，含15个分布型。总体上看，西藏的植物区系主要由温带、热带、世界广布和中国特有成分组成。温带，特别是北温带的种类，占西藏植物总属数将近1/5，而且属中的种类分化比较强烈，所包括的种数很多。属于热带分布类型的总属数虽不少，但每属中的种类一般都较少。国家Ⅰ级保护野生植物有玉龙蕨、巨柏、喜马拉雅红豆杉、云南红豆杉、长蕊木兰等5种。国家Ⅱ级保护野生植物有桫椤、毛叶桫椤、白桫椤、金毛狗、澜沧黄杉、金荞麦、红椿、长喙厚朴、辐花、山莨菪、画笔菊、羽叶点地梅、胡黄连、十齿花、千果榄仁、榉树、三蕊草等20种。本次湿地资源调查共记录湿地高等植物591种，隶属65科205属。

6.2 动物概况

据调查和历史资料记录显示，已知西藏自治区有脊椎动物795种，其中兽类145种，鸟类492种，爬行类55种，两栖类45种，鱼类58种(和13亚种)；昆虫类3759种；蜘蛛(含青藏高原)403种；寄生虫类224种。有被《濒危野生动植物种国际贸易公约》(CITES)列为国际间严禁贸易或控制进出口动物附录Ⅰ的濒危动物41种，附录Ⅱ的濒危动物25种，共66种。有被《中华人民共和国野生动物保护法》列为Ⅰ级保护的野生动物41种，Ⅱ级保护的野生动物84种，共125种，约占全国重点保护野生动物种类的1/3。连同西藏自治区增加的维持草原生态平衡、保护草原的重要经济动物16种，西藏自治区重点保护的野生动物共141种。本次湿地资源调查共记录湿地栖息和分布的脊椎动物360种，隶属于5纲22目56科。

第二节 社会经济状况

1 行政区划、人口、民族

西藏自治区简称"藏"，首府拉萨，辖拉萨、日喀则、山南、林芝、昌都、那曲、阿里等7个地区(市)，72个县(市、区)及2个市辖区(表1-2)。

西藏自治区是全国人口最少的省份，据《西藏自治区2010年第六次全国人口普查主要数据公报》，截至2010年11月1日零时，全区常住人口为3002166人，同第五次全国人口普查(2000年11月1日零时)的2616329人相比，10年共增加385837人，增长14.75%。年平均增长率为1.39%。西藏自治区常住人口中，藏族人口为2716389人；其他少数民族人口为40514人；汉族人口为245263人。藏族和其他少数民族人口占91.83%(其中，藏族人口占90.48%，其他少数民族人口占1.35%)；汉族人口占8.17%。同2000年第五次人口普查相比，藏族人口增加289221人，其他少数民族人口增加9923人，汉族人口增加86693人。全区常住人口中，男性人口为1542633人，占51.38%；女性人口为1459533人，占48.62%。总人口性别比(以女性为100，男性对女性的比例)由2000年第五次全国人口普查的102.67上升为105.69。

表1-2　西藏自治区行政区划

地区(市)	县(市、区)(个)	县(市、区)名称
拉萨市	8	城关区、林周县、当雄县、尼木县、曲水县、堆龙德庆县、达孜县、墨竹工卡县
山南地区	12	乃东县、扎囊县、贡嘎县、桑日县、琼结县、曲松县、措美县、洛扎县、加查县、隆子县、错那县、浪卡子县
日喀则市	18	桑珠孜区、南木林县、江孜县、定日县、萨迦县、拉孜县、昂仁县、谢通门县、白朗县、仁布县、康马县、定结县、吉隆县、聂拉木县、仲巴县、亚东县、萨嘎县、岗巴县
林芝地区	7	工布江达县、米林县、林芝县、波密县、察隅县、墨脱县、朗县
昌都地区	11	昌都县、江达县、贡觉县、类乌齐县、丁青县、察雅县、八宿县、左贡县、芒康县、洛隆县、边坝县
那曲地区	11	那曲县、班戈县、申扎县、索县、比如县、安多县、巴青县、聂荣县、嘉黎县、尼玛县、双湖县
阿里地区	7	日土县、改则县、革吉县、噶尔县、札达县、普兰县、措勤县
合计	74	

注：双湖县2012年11月成立；日喀则地级市、桑珠孜区于2014年6月经国务院批准成立。

2　经济发展及工农业生产情况

2009年，西藏实现国内生产总值(GDP)441.36亿元，按可比价格计算，比上年增长12.40%。其中，第一产业增加值63.99亿元，增长了3.30%；第二产业增加值136.19亿元，增长了21.70%；第三产业增加值241.18亿元，增长了10.30%。人均GDP15295元，增长11.20%。西藏城镇居民人均可支配收入达13544元，比上年增长8.50%；农牧民人均纯收入3532元，增长11.20%。

在西藏国内生产总值中，第一、二、三产业增加值所占比重分别为14.50%、30.90%、54.60%。与上年相比，第一产业比重下降0.8个百分点，第二产业提高1.7个百分点，第三产业下降0.9个百分点。

全年粮食作物种植面积169.43千公顷，比上年减少1.20千公顷。其中，青稞面积117.83千公顷，减少0.02千公顷；小麦面积36.77千公顷，减少0.57千公顷；油菜籽面积24.42千公顷，减少0.23千公顷；蔬菜面积20.44千公顷，增加0.30千公顷。全年实现粮食总产量90.53万吨，比上年下降4.70%；油菜籽5.77万吨，下降4.00%；蔬菜55.11万吨，增长14.50%。年末牲畜存栏总数2324万头(只、匹)，比上年末减少81万头(只、匹)。其中，牛653万头，增加8万头；羊1584万只，减少94万只。全年猪牛羊肉产量达25.52万吨，比上年增长4.30%；奶类产量29.43万吨，下降0.1%。

全年工业实现增加值32.67亿元，比上年增长12.90%。规模以上工业企业实现增加值27.56亿元，比上年增长10.80%。其中，轻工业实现增加值11亿元，增长16.40%；重工业实现增加值16.56亿元，增长7.80%。国有及国有控股企业全年实现增加值13.69亿元，比上年增长12.20%。按登记注册类型分，国有企业实现增加值9.63亿元，增长2.50%；集体企业实现增加值0.65亿元，下降4.90%；股份制企业实现增加值11.61亿元，增长15.20%；股份合作制企业实现增加值0.05亿元，下降60.90%；外商及港澳台企业实现增加值4.03亿元，增长34.00%；其他经济类型企业实现增加值1.59亿元，增长1.70%。

第二章 湿地类型

第一节 湿地类型与面积

1 类型与面积

1.1 湿地概况

第二次湿地调查结果显示，西藏自治区湿地包括 4 类 17 型，总面积 652.90 万公顷。其中，河流湿地 143.45 万公顷，占总面积的 21.97%；湖泊湿地 303.52 万公顷，占总面积的 46.49%；沼泽湿地 205.43 万公顷，占总面积的 31.46%；人工湿地 0.50 万公顷，占总面积的 0.08%。湖泊湿地面积最大，面积最小的湿地类为人工湿地。

西藏自治区重点调查湿地资源分布图如图 2-1。

西藏自治区河流湿地资源分布图如图 2-2。

西藏自治区湖泊湿地资源分布图如图 2-3。

西藏自治区沼泽湿地资源分布图如图 2-4。

西藏自治区人工湿地资源分布图如图 2-5。

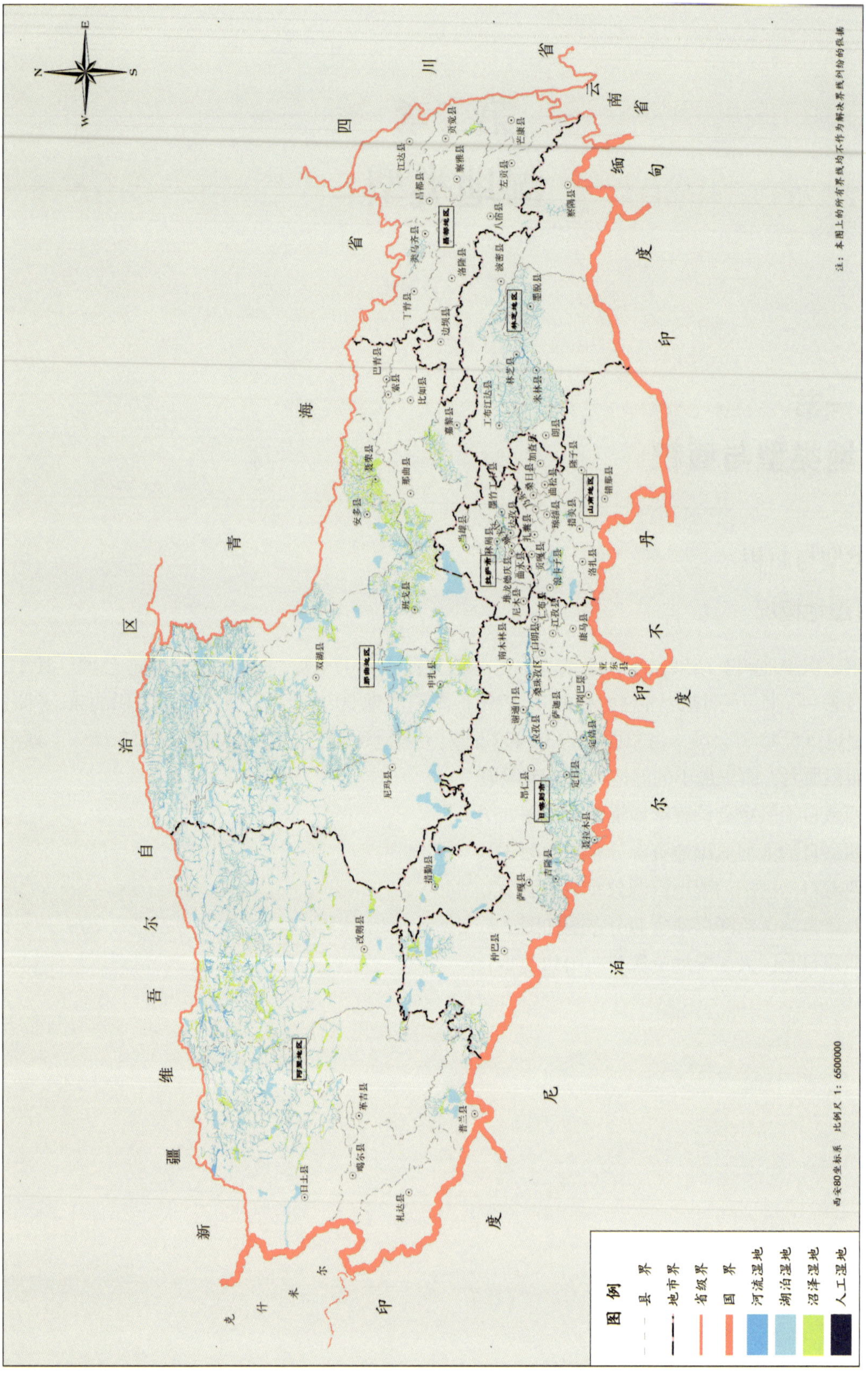

图 2-1 西藏自治区重点调查湿地资源分布图

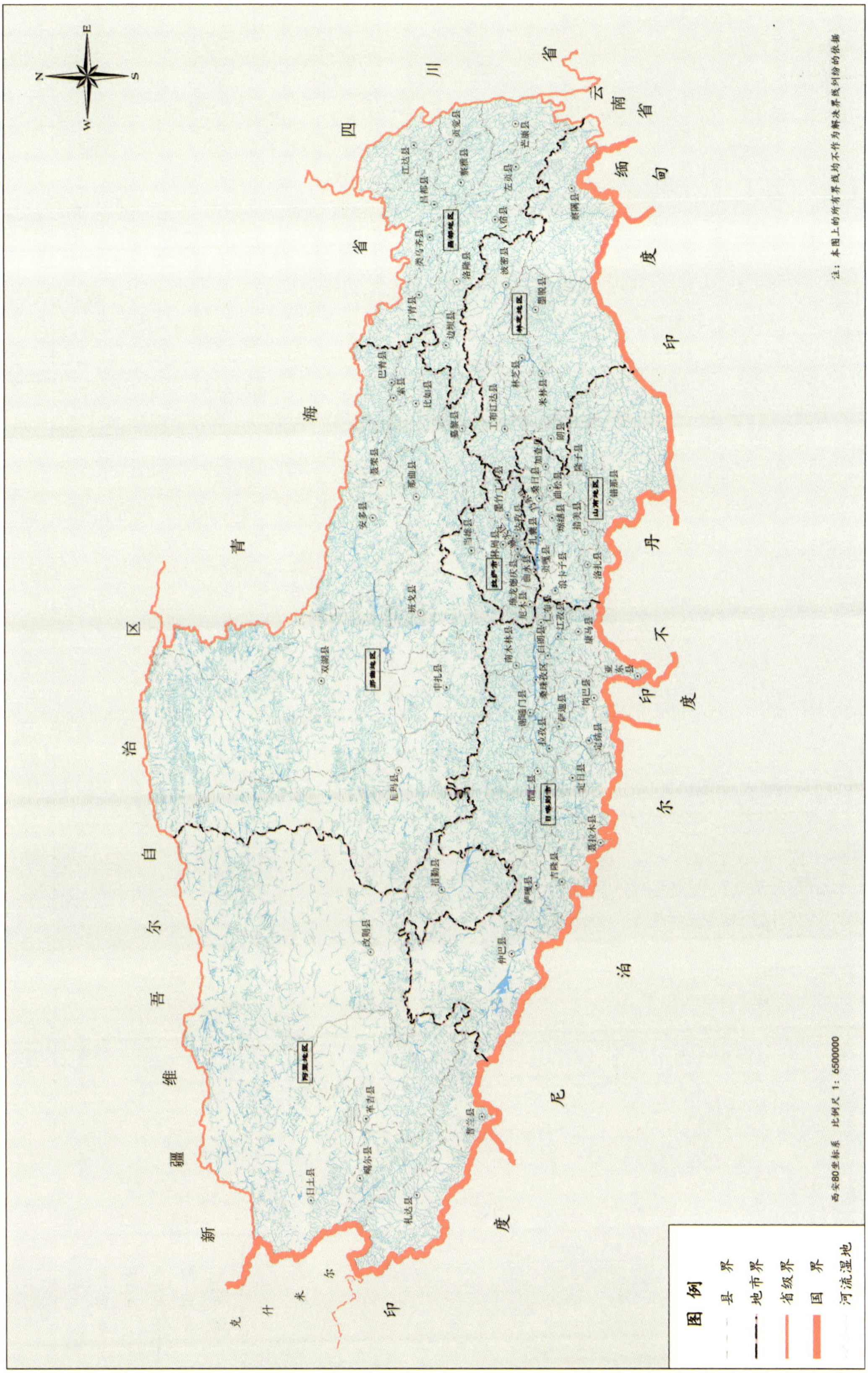

图 2-2 西藏自治区河流湿地资源分布图

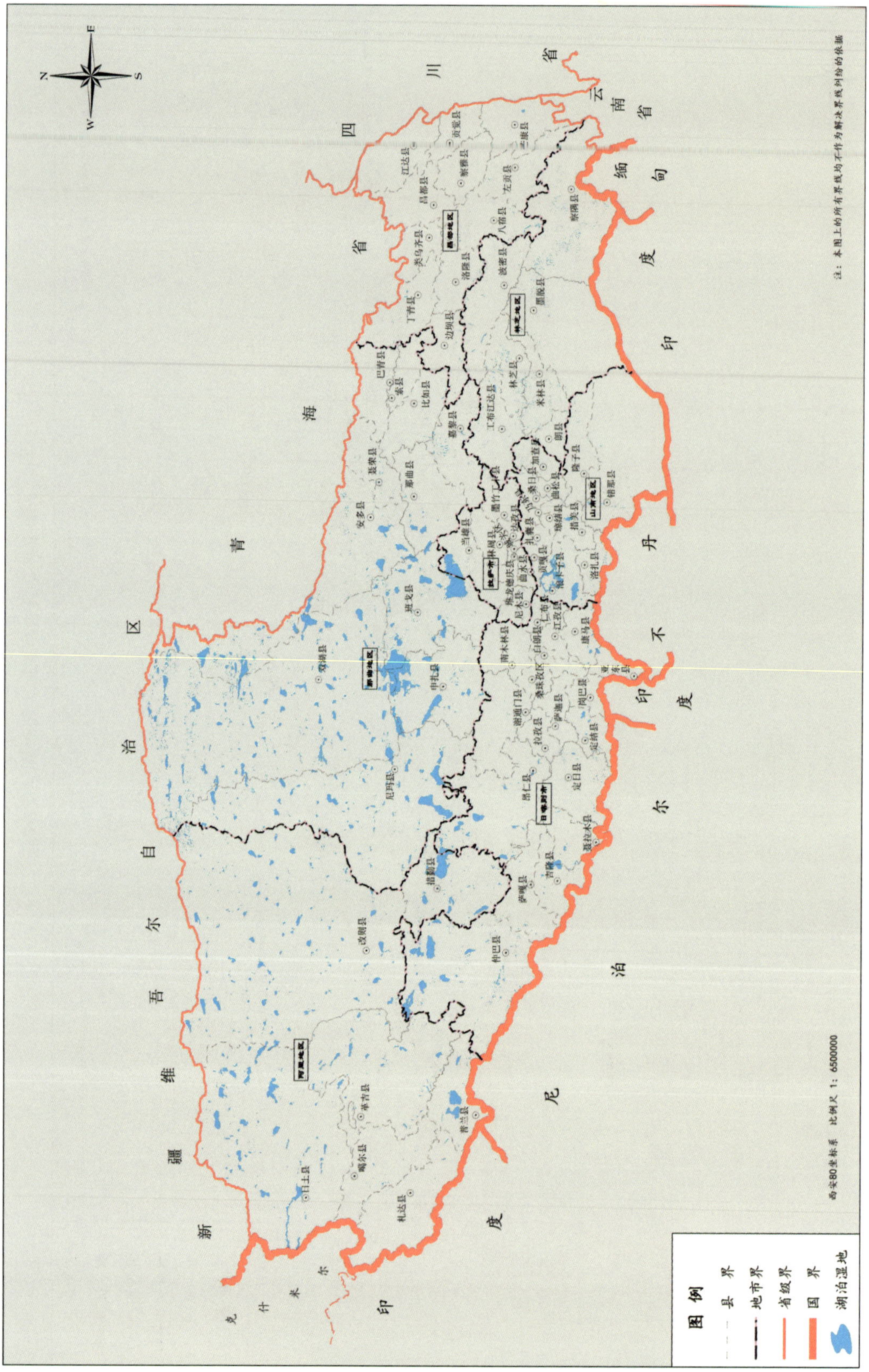

图 2-3　西藏自治区湖泊湿地资源分布图

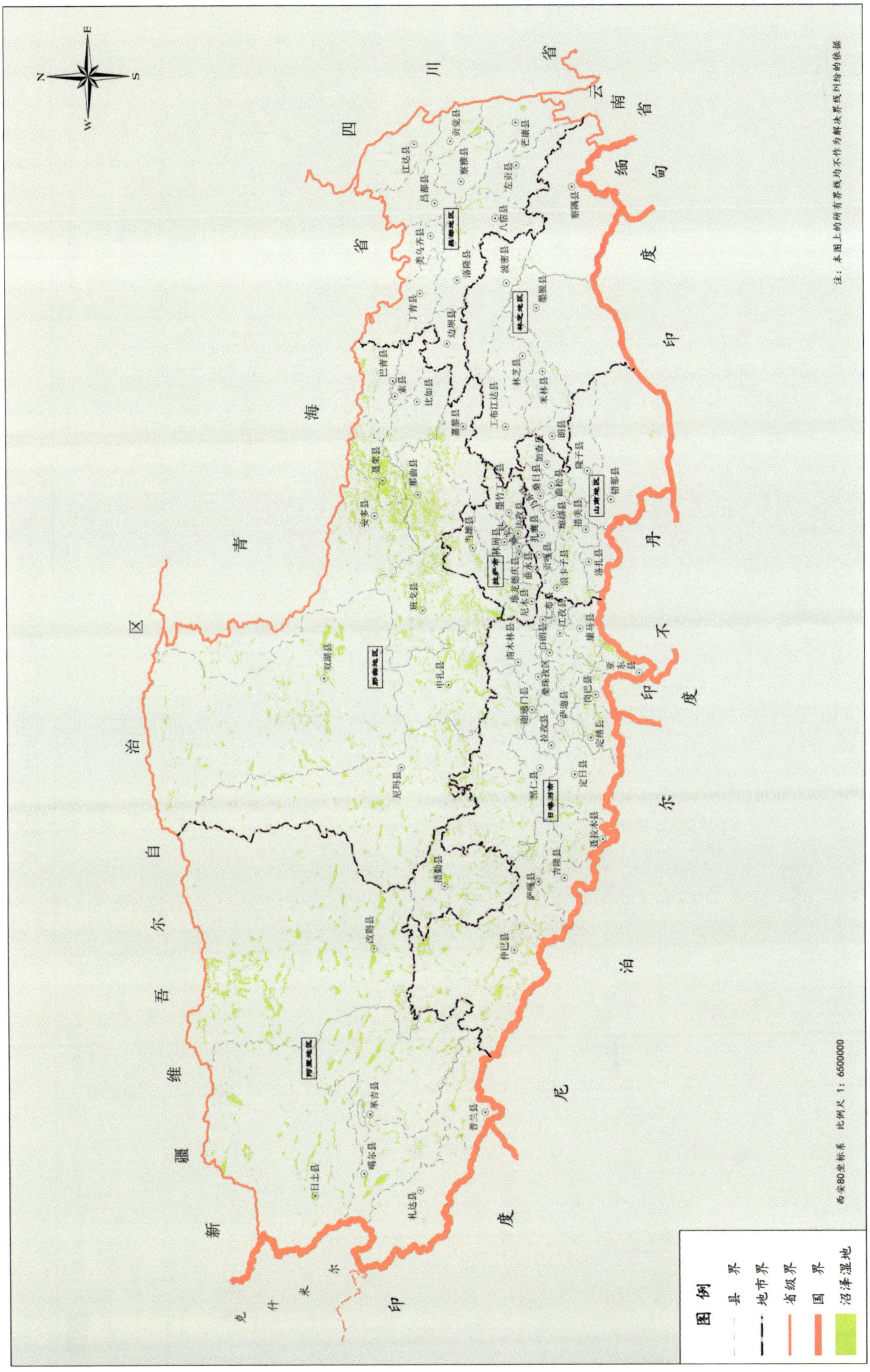

图 2-4　西藏自治区沼泽湿地资源分布图

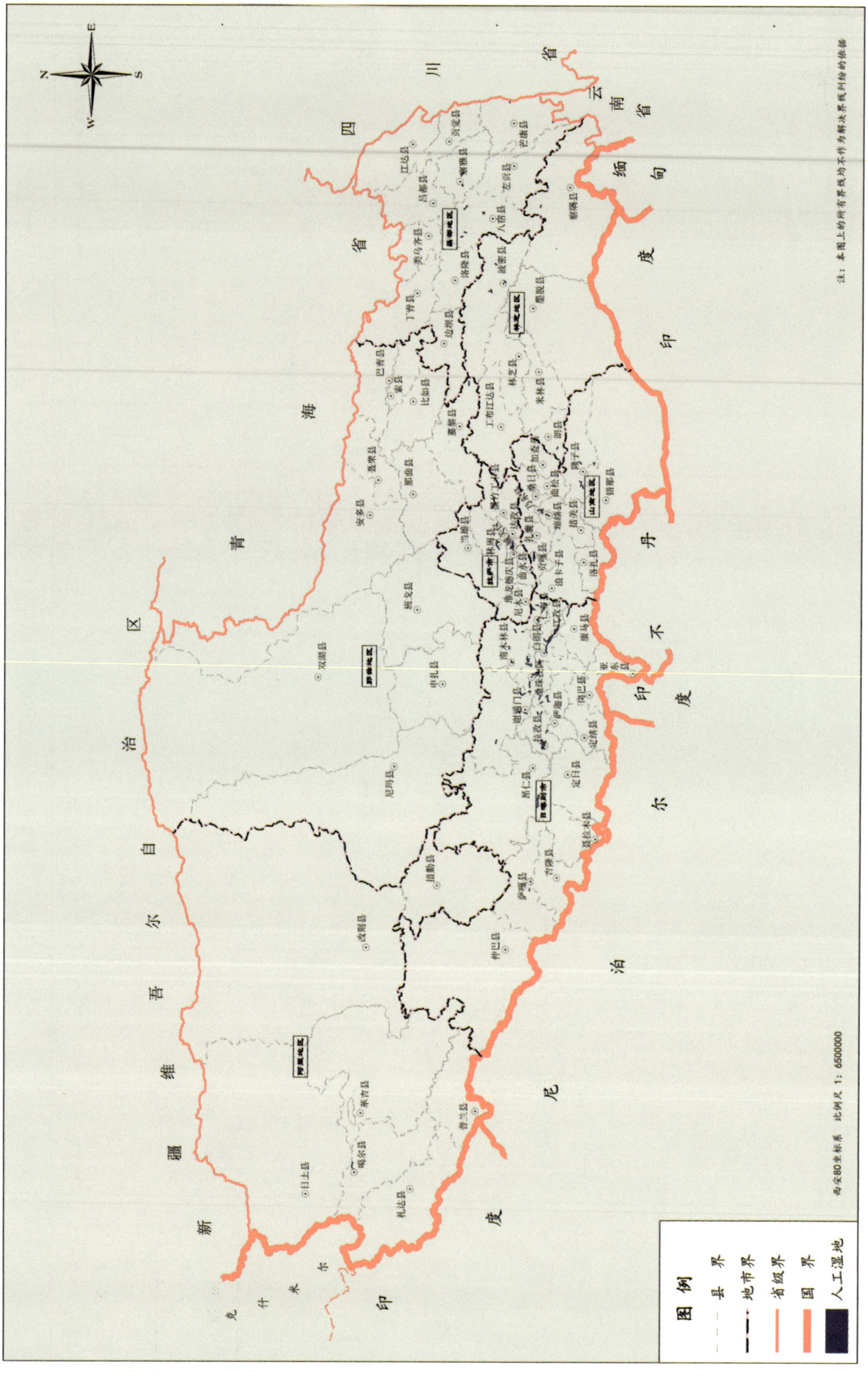

图 2-5 西藏自治区人工湿地资源分布图

1.2　各湿地类型湿地概况

西藏自治区有湿地4类17型，其中自然湿地有河流湿地、湖泊湿地、沼泽湿地3类15型，人工湿地有库塘、运河/输水河2型(图2-6～图2-9，表2-1)。

图**2-6**　河流湿地(雅鲁藏布下游大拐弯)

图**2-7**　沼泽湿地(唐古拉北坡沼泽，安多县)

图**2-8**　湖泊湿地(边巴县三色湖)

图**2-9**　人工湿地(林芝鱼塘)

表 2-1 西藏自治区湿地概况

湿地类	湿地型	湿地型面积(公顷)	湿地类面积(公顷)	比例(%)
河流湿地	永久性河流	473683.14	1434563.27	21.97
	季节性或间歇性河流	376172.39		
	洪泛平原湿地	584707.74		
湖泊湿地	永久性淡水湖	766026.26	3035200.41	46.49
	永久性咸水湖	2250336.72		
	季节性淡水湖	8025.65		
	季节性咸水湖	10811.78		
沼泽湿地	草本沼泽	630656.35	2054255.03	31.46
	灌丛沼泽	25667.20		
	森林沼泽	456.81		
	内陆盐沼	113187.23		
	季节性咸水沼泽	307093.77		
	沼泽化草甸	972414.23		
	地热湿地	4396.69		
	淡水泉、绿洲湿地	382.75		
人工湿地	库塘	3847.52	5010.23	0.08
	运河/输水河	1162.71		
合 计			6529028.94	100

从湿地类来看，西藏有湖泊湿地 303.52 万公顷，占湿地总面积 46.49 %；河流湿地 143.45 万公顷，占湿地总面积 21.97%；沼泽湿地 205.43 万公顷，占湿地总面积 31.46%；人工湿地 0.50 万公顷，占湿地总面积 0.08%(图 2-10)。

1.3 各湿地区的湿地类及面积

湿地区是指由多块湿地斑块组成的、具有一定的水文联系和生态功能的湿地复合体。根据《全国湿地资源调查技术规程(试行)》和《西藏自治区湿地资源调查实施细则》要求，西藏自治区划出了 131 个湿地区(表 2-2)。

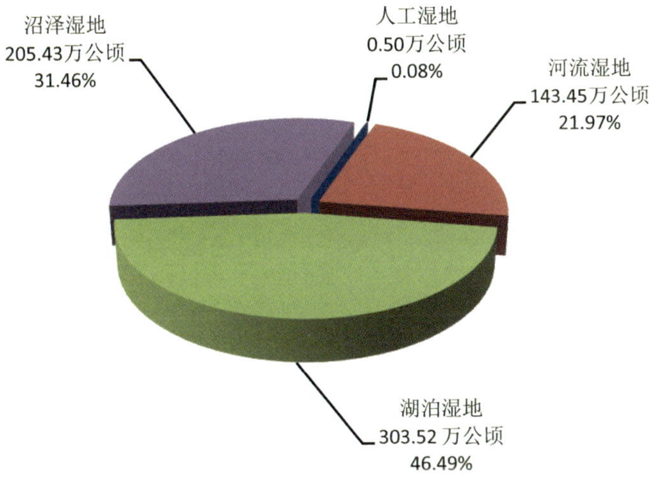

图 **2-10** 西藏自治区各湿地类面积比例构成

表 2-2 西藏自治区各湿地区湿地概况(公顷)

序号	湿地区名称	河流湿地	湖泊湿地	沼泽湿地	人工湿地	合 计
1	城关区零星湿地区	1934. 39		711. 72	88. 20	2734. 31
2	林周县零星湿地区	2387. 06		584. 20	29. 74	3001. 00
3	当雄县零星湿地区	3127. 44	406. 65	30246. 18		33780. 27
4	尼木县零星湿地区	1204. 32	344. 24	5474. 00		7022. 56
5	曲水县零星湿地区	7078. 80	35. 13	270. 44		7384. 37
6	堆龙德庆零星湿地区	3832. 29	20. 40	313. 04	34. 40	4200. 13
7	达孜县零星湿地区	928. 41	9. 19	909. 07		1846. 67
8	墨竹工卡县零星湿地区	2801. 37	573. 66	3687. 20	1248. 34	8310. 57
9	昌都县零星湿地区	7270. 59		322. 89		7593. 48
10	江达县零星湿地区	6108. 64	10. 64	949. 23		7068. 51
11	贡觉县零星湿地区	2725. 94	16. 83	1629. 29		4372. 06
12	类乌齐零星湿地区	5024. 31	22. 38	593. 08		5639. 77
13	丁青县零星湿地区	4737. 34	1160. 72	892. 17		6790. 23
14	察雅县零星湿地区	4386. 56		1600. 12	19. 85	6006. 53
15	八宿县零星湿地区	6872. 51	3513. 35	9634. 78	45. 57	20066. 21
16	左贡县零星湿地区	6023. 10	866. 80	1769. 08		8658. 98
17	芒康县零星湿地区	5471. 57	144. 92	3236. 48	15. 06	8868. 03
18	洛隆县零星湿地区	3503. 54	745. 68	360. 51		4609. 73
19	边坝县零星湿地区	5563. 65	782. 32	548. 92		6894. 89
20	乃东县零星湿地区	6090. 11	75. 59	226. 27	31. 61	6423. 58
21	扎囊县零星湿地区	14355. 88	22. 20	35. 61		14413. 69

（续）

序号	湿地区名称	河流湿地	湖泊湿地	沼泽湿地	人工湿地	合　计
22	贡嘎县零星湿地区	20870. 64		397. 49	75. 48	21343. 61
23	桑日县零星湿地区	2341. 69	660. 07	1696. 95		4698. 71
24	琼结县零星湿地区	445. 01			7. 18	452. 19
25	曲松县零星湿地区	747. 31	550. 00	3424. 28		4721. 59
26	措美县零星湿地区	1358. 76	344. 66	4246. 01		5949. 43
27	洛扎县零星湿地区	1401. 54	1403. 72	757. 15		3562. 41
28	加查县零星湿地区	2498. 92	433. 60	1513. 23		4445. 75
29	隆子县零星湿地区	5149. 88	659. 55	1736. 30	79. 27	7625. 00
30	错那县零星湿地区	19596. 08	2203. 15	2506. 68		24305. 91
31	浪卡子县零星湿地区	4317. 07	21466. 38	8651. 37		34434. 82
32	桑珠孜区零星湿地区	1504. 11	105. 64	922. 24	66. 33	2598. 32
33	南木林县零星湿地区	6956. 49	202. 10	5408. 99	43. 84	12611. 42
34	江孜县零星湿地区	1876. 71		3318. 78	553. 85	5749. 34
35	定日县零星湿地区	3363. 04	1374. 29	281. 25	17. 94	5036. 52
36	萨迦县零星湿地区	3480. 05		2723. 55	39. 50	6243. 10
37	拉孜县零星湿地区	3172. 36	235. 26	1231. 25	85. 42	4724. 29
38	昂仁县零星湿地区	17205. 77	55730. 17	43171. 35	47. 91	116155. 20
39	谢通门县零星湿地区	5168. 59	562. 74	11807. 89	46. 66	17585. 88
40	白朗县零星湿地区	1875. 51	600. 60	2834. 94	114. 76	5425. 81
41	仁布县零星湿地区	1235. 28	132. 05	580. 37	89. 36	2037. 06
42	康马县零星湿地区	2773. 10	5295. 71	6782. 99	28. 38	14880. 18
43	定结县零星湿地区	320. 48	66. 84	1463. 56		1850. 88
44	仲巴县零星湿地区	114775. 32	63012. 40	75853. 20		253640. 92
45	亚东县零星湿地区	1674. 17	1345. 54	15781. 09		18800. 80
46	吉隆县零星湿地区	3190. 12	19. 62	791. 38		4001. 12
47	萨嘎县零星湿地区	17222. 10	1125. 19	19764. 32	252. 35	38363. 96
48	岗巴县零星湿地区	1734. 78	769. 31	10208. 33	19. 12	12731. 54
49	那曲县零星湿地区	11418. 96	1222. 32	58607. 80		71249. 08
50	嘉黎县零星湿地区	5152. 78	729. 35	2502. 04	16. 45	8400. 62
51	比如县零星湿地区	8549. 39	749. 87	5369. 31		14668. 57
52	聂荣县零星湿地区	1045. 36	423. 68	33313. 56		34782. 60
53	安多县零星湿地区	33886. 11	43666. 17	32289. 47		109841. 75
54	申扎县零星湿地区	5305. 11	15955. 56	15207. 95		36468. 62
55	索县零星湿地区	3664. 60	77. 83			3742. 43

（续）

序号	湿地区名称	河流湿地	湖泊湿地	沼泽湿地	人工湿地	合　计
56	班戈县零星湿地区	19799.44	9215.56	65261.30		94276.30
57	巴青县零星湿地区	2911.30	108.28	9835.20		12854.78
58	尼玛县零星湿地区	32917.79	78757.21	70448.37		182123.37
59	双湖县零星湿地区	38012.30	93977.72	53120.10		185110.12
60	普兰县零星湿地区	6688.43	6936.69	8633.51		22258.63
61	札达县零星湿地区	1860.46		18.93		1879.39
62	日土县零星湿地区	38611.08	38045.00	41118.83		117774.91
63	革吉县零星湿地区	22083.19	40438.79	75724.55		138246.53
64	改则县零星湿地区	33511.87	23850.39	69617.99		126980.25
65	措勤县零星湿地区	39578.02	10364.13	52140.84		102082.99
66	林芝县零星湿地区	842.32	1092.49			1934.81
67	西藏工布江达零星湿地区	4291.88	985.98	341.62		5619.48
68	墨脱县零星湿地区	20169.85	1045.68	141.58		21357.11
69	波密县零星湿地区	8917.29	2393.57	1576.22	31.92	12919.00
70	察隅县零星湿地区	14670.81	7849.67	787.43	53.58	23361.49
71	朗县零星湿地区	1951.34	234.42		6.17	2191.93
72	波仓藏布流域	10726.07	3893.91	15309.94		29929.92
73	西藏工布自然保护区	33785.58	9944.51	3765.63		47495.72
74	西藏雅鲁藏布大峡谷国家级自然保护区	10653.23	2996.72	525.15	18.25	14193.35
75	噶尔河流域	8260.43	1012.99	27145.03		36418.45
76	拉萨河沿岸	534.61		803.95		1338.56
77	马泉河	9230.66	3360.42	10586.97		23178.05
78	尼屋藏布流域	741.47	715.12	9904.89		11361.48
79	怒江源沼泽湿地	858.44	1686.47	32708.44		35253.35
80	恰嘎藏布流域	7658.66	289.77	1177.37		9125.80
81	狮泉河流域	24121.54	4665.36	25177.34	1216.13	55180.37
82	私荣藏布流域	94.84				94.84
83	索曲、益曲流域	10049.16	84.78	22042.33		32176.27
84	准布藏布流域	1318.46	848.43	5448.14		7615.03
85	西藏羌塘国家级自然保护区	459036.04	843655.12	455748.11		1758439.27
86	昂孜错		44099.60	1086.60		45186.20
87	西藏色林错黑颈鹤国家级自然保护区	20240.46	515352.39	143748.38		679341.23
88	阿毛藏布及昂拉仁错沼泽湿地	632.75	51859.41	4532.17		57024.33
89	西藏珠穆朗玛峰国家级自然保护区	27184.82	46719.98	30674.51	22.43	104601.74

（续）

序号	湿地区名称	河流湿地	湖泊湿地	沼泽湿地	人工湿地	合 计
90	班戈东北部湖群区沼泽	7974.77	47090.02	54488.32		109553.11
91	西藏班公湖湿地自然保护区		44145.42	328.06		44473.48
92	西藏多庆错国家湿地公园		4706.29	3458.35		8164.64
93	查木错、塔若错	5815.22	71373.22	31863.48		109051.92
94	别若则错		3793.58	4109.67		7903.25
95	西藏雅鲁藏布江中游河谷黑颈鹤国家级自然保护区	54540.09	50491.25	12456.18	565.18	118052.70
96	多尔索洞错湖群	3237.41	80287.78	25970.38		109495.57
97	措那湖		17.14			17.14
98	达瓦错		11523.46	1310.94		12834.40
99	达则错		28554.46	537.90		29092.36
100	打加错		10764.93	51.59		10816.52
101	西藏当惹雍错国家湿地公园	288.41	83777.00	355.99		84421.40
102	敌布错		6450.92			6450.92
103	西藏洞错湿地自然保护区	53.83	12784.45	21479.11		34317.39
104	嘎仁错		6575.88	4185.64		10761.52
105	西藏嘉乃玉错国家湿地公园	105.22	1109.10	34.80		1249.12
106	杰萨错		14784.93			14784.93
107	拉姆拉错		18.62			18.62
108	贡觉沼泽湿地	246.68	15.87	9702.46		9965.01
109	蜡果错		12101.03			12101.03
110	麻米错	1021.66	10649.02	7320.51		18991.19
111	西藏玛旁雍错湿地自然保护区	1998.51	70381.87	10570.07		82950.45
112	莽错		1894.33	887.76		2782.09
113	拿日雍错	13.18	2603.16			2616.34
114	西藏纳木错自然保护区		200884.85	918.50		201803.35
115	普莫雍错	2174.55	28859.63	855.31		31889.49
116	齐格错		2074.18	1590.28		3664.46
117	其香错		17800.46	589.52		18389.98
118	西藏然乌湖湿地自然保护区	33.05	1287.18			1320.23
119	西藏扎日南木错自然保护区	2849.84	101829.51	15666.27		120345.62
120	哲古错	176.06	6907.33	1972.89		9056.28

（续）

序号	湿地区名称	河流湿地	湖泊湿地	沼泽湿地	人工湿地	合　计
121	卓玛朗错	743.97	179.67	195.14		1118.78
122	玛尔盖茶卡		14684.77			14684.77
123	布托错		886.03			886.03
124	大竹卡	211.65				211.65
125	杰德秀			63.61		63.61
126	乌马曲	443.80		9224.62		9668.42
127	象泉河流域	17498.75	1665.21	8525.52		27689.48
128	羊八井			270.45		270.45
129	伊日	38.21				38.21
130	聂荣、安多沼泽湿地	3527.24	1103.84	122756.43		127387.51
131	西藏麦地卡湿地自然保护区	2921.57	4789.39	24224.51		31935.47
总　计		1434563.27	3035200.41	2054255.03	5010.23	6529028.94

1.4　各流域的湿地类及面积

根据水利部全国一、二、三级流域分类规定，西藏自治区涉及3个一级流域、7个二级流域、12个三级流域（表2-3）。

表2-3　西藏自治区各流域湿地概况（公顷）

流域			湿地类				合　计
一级流域	二级流域	三级流域	河流湿地	湖泊湿地	沼泽湿地	人工湿地	
西北诸河区	羌塘高原内陆河	羌塘高原区	802623.15	2673817.39	1350920.03		4827360.57
西南诸河区	藏南诸河	藏南诸河	94627.73	178740.07	92944.76	192.34	366504.90
	藏西诸河	奇普恰普河	1288.76	10.79	0	0	1299.55
		藏西诸河	54824.48	84512.46	79855.43	1216.13	220408.50
		小　计	56113.24	84523.25	79855.43	1216.13	221708.05
	雅鲁藏布江	拉孜以上	148520.49	41408.35	89843.72	394.31	280166.87
		拉孜至派乡	195787.21	29982.49	126726.67	3078.60	355574.97
		派乡以下	36886.51	12597.93	2788.42	48.37	52321.23
		小　计	381194.21	83988.77	219358.81	3521.28	688063.07
	澜沧江	沘江口以上	20304.47	514.85	20230.33	27.80	41077.45
	怒江及伊洛瓦底江	怒江勐古以上	66836.76	11659.78	281303.60	45.57	359845.71

（续）

流域			湿地类				合计
一级流域	二级流域	三级流域	河流湿地	湖泊湿地	沼泽湿地	人工湿地	
西南诸河区	怒江及伊洛瓦底江	伊洛瓦底江	941.84	45.14	90.70		1077.68
		小计	67778.60	11704.92	281394.30	45.57	360923.39
	共计		620018.25	359471.86	693783.63	5003.12	1678276.86
长江区	金沙江石鼓以上	直门达至石鼓	11917.41	1911.16	9529.76	7.11	23365.44
		通天河	4.46		21.61		26.07
		小计	11921.87	1911.16	9551.37	7.11	23391.51
	共计		11921.87	1911.16	9551.37	7.11	23391.51
总计			1434563.27	3035200.41	2054255.03	5010.23	6529028.94

1.4.1 西北诸河区

西北诸河区在西藏自治区涉及1个二级流域、1个三级流域，涉及那曲、阿里、日喀则和拉萨4个地区(市)14个县。该区湿地总面积为482.74万公顷，占西藏自治区湿地总面积的73.94%。包括河流湿地80.26万公顷，湖泊湿地267.38万公顷，沼泽湿地135.09万公顷(图2-11)。其中，三级流域羌塘高原区湿地总面积为482.74公顷，河流湿地80.26万公顷、湖泊湿地267.38万公顷、沼泽湿地135.09万公顷；二级流域羌塘高原内陆河湿地总面积与河流、湖泊、沼泽湿地面积与三级流域相同。

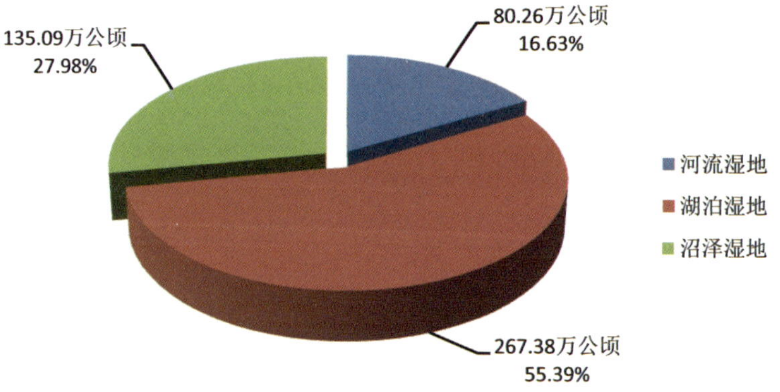

图2-11 西藏自治区一级流域西北诸河区湿地类面积比例构成

西北诸河区湿地以湖泊湿地为主，特别是东部，湖泊密布，大于8公顷湖泊有3013个。面积较大的有纳木错、色林错、扎日南木错、班公错、洞错等。由于该区人口分布较少，河流湖泊湿地基本保持原状，基本未受人类生产生活的影响。但近年来受全球气候变暖的影响，雪山、冰川和冻土融化较快，造成湖泊因水位上升而扩大。据本次调查统计，由于色林错湖泊水位上升，湖泊面积从原来的164000公顷(《西藏河流与湖泊》，1984)增加到现在的211961.50公顷。造成申扎县马跃乡失去牧草地4万余公顷，给周边牧民放牧造成一定的影响。65户262人因此被迫搬迁。

沼泽湿地以草本沼泽和沼泽化草甸为主，内陆盐沼和季节性咸水沼泽分布面积虽然较小，但却是本区的特有沼泽湿地类型。本区河流一般短小，大部分为季节性或间歇性河流。主要河流湿地有汇入纳木错的测曲，汇入色林错的扎加藏布、扎根藏布，汇入达则错的波仓藏布，汇入扎日南木错的措勤藏布，汇入班公错的麻嘎藏布等。

1.4.2　西南诸河区

西南诸河区在西藏自治区涉及5个二级流域、9个三级流域，涉及阿里、那曲、日喀则、山南、昌都、林芝、拉萨7个地区(市)71个县(市、区)。该区湿地总面积为167.83万公顷，占西藏自治区湿地总面积的25.70%。包括河流湿地62.00万公顷，湖泊35.95万公顷，沼泽湿地69.38万公顷，人工湿地0.50万公顷(图2-12)。

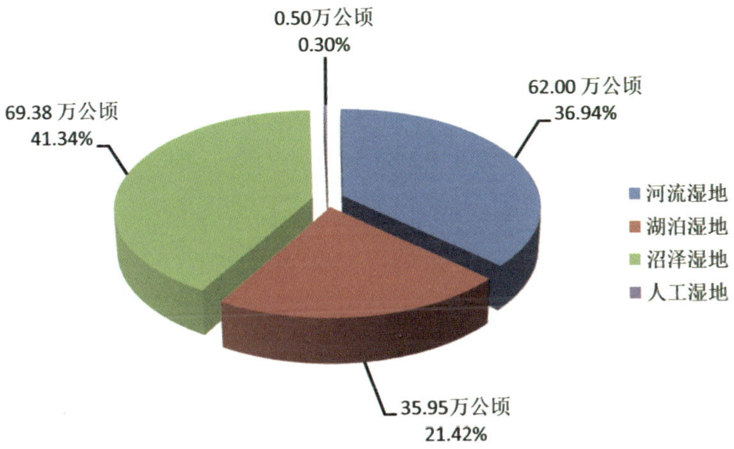

图2-12　西藏自治区一级流域西南诸河区湿地类面积比例构成

二级流域怒江及伊洛瓦底江中的三级流域——伊洛瓦底江的湿地总面积为1077.68公顷，其中，河流湿地941.84公顷，湖泊湿地45.14公顷，沼泽湿地90.70公顷，该三级流域在所有三级流域中湿地面积最小；怒江勐古以上湿地总面积359845.71公顷，其中，河流湿地66836.76公顷，湖泊湿地11659.78公顷，沼泽湿地281303.60公顷，人工湿地45.57公顷。二级流域澜沧江在5个二级流域中湿地面积最小，下属只有一个三级流域沘江口以上，其湿地总面积为41077.45公顷，其中，河流湿地20304.47公顷，湖泊湿地514.85公顷，沼泽湿地20230.33公顷，人工湿地27.80公顷。二级流域雅鲁藏布江在5个二级流域中面积是最大的，下属三级流域也最多，有3个。其中，拉孜至派乡流域面积最大，总面积为355574.97公顷，河流湿地195787.21公顷，湖泊湿地29982.49公顷，沼泽湿地126726.67公顷，人工湿地3078.60公顷。该流域的人工湿地面积也是最大。雅鲁藏布江三级流域中派乡以下流域面积最小，总面积为52321.23公顷，河流湿地36886.51公顷，湖泊湿地12597.93公顷，沼泽湿地2788.42公顷，人工湿地48.37公顷；而拉孜以上流域面积在这3个流域中居中，总面积为280166.87公顷，河流湿地148520.49公顷，湖泊湿地41408.35公顷，沼泽湿地89843.72公顷，人工湿地394.31公顷。二级流域藏西诸河包括2个三级流域。其中，藏西诸河流域湿地总面积为220408.50公顷，河流湿地54824.48公顷，湖泊湿地84512.46公顷，沼泽湿地79855.43公顷，人工湿地1216.13公顷；奇普恰普河流域湿地总面积为1299.55公顷，河流湿地1288.76公顷，湖泊湿地10.79公顷。比较特殊的是二级流域藏南诸河，仅包括一个三级流域，且其三级流域名称与二级流域名称一样。其湿地总面积为366504.90公顷，河流湿地94627.73公顷，湖泊湿地178740.07公顷，沼泽湿地92944.76公顷，人工湿地192.34公顷。

西南诸河区河流湿地资源丰富，主要河流包括怒江、澜沧江、森格藏布、西巴霞曲、伊洛瓦底江、雅鲁藏布江及其支流年楚河、尼洋河、拉萨河、迫龙(帕隆)藏布等。雅鲁藏布江从西向东横贯西藏南部，在西藏境内流域面积240480平方公里，东西向最大长度1450公里，南北向最大宽度290公里，流域平均海拔4500米左右。西南诸河区部分河流湿地由于受人工引水的影响，出现河流断流或流量明显下降的现象。沼泽湿地虽然面积较大，但分布比较零散，受近年降雨量较少的影响，沼泽湿地水源补给不足，局部沼泽湿地呈现退化现象。西南诸河区主要湖泊有玛旁雍错、拉昂错、佩枯错、多庆错、羊卓雍错、巴松错、然乌湖等。这一区域湖泊湿地由于分布海拔较高，周边几乎无农田和居民，湖泊生态系统基本保持原始状态，但部分湖泊受补给水源(降雨、降雪和冰川融水)减小影响，湿地呈现萎缩现象。

1.4.3 长江区

长江区在西藏境内包括1个二级流域、2个三级流域，涉及昌都、那曲地区的8个县。该区湿地区总面积为2.34万公顷，占西藏自治区湿地总面积的0.36%。包括河流湿地1.19万公顷，湖泊湿地0.19万公顷，沼泽湿地0.96万公顷，人工湿地7.11公顷。二级流域金沙江石鼓以上有2个三级流域，其中通天河流域面积最小，总面积为26.07公顷；而直门达至石鼓流域面积为23365.44公顷。总体来说，长江区湿地面积较小。

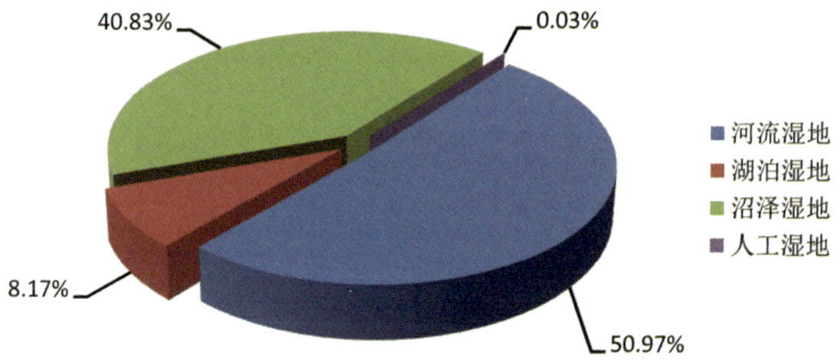

图2-13 西藏自治区一级流域长江区湿地类面积比例构成

该区地处藏东高山峡谷区，湿地分布也呈现出高山峡谷区的特点，以河流湿地为主，河水湍急；湖泊湿地、沼泽湿地和人工湿地合计占该区湿地面积的49.03%，河流湿地则占到50.97%(图2-13)。

1.5 各行政区的湿地类及面积

西藏7个地区(市)湿地分布状况见表2-4。那曲地区和阿里地区湿地面积分列全区第1位和第2位，具体如图2-14。

那曲地区湿地面积为299.30万公顷，在西藏各地级行政区中湿地面积最大，占西藏湿地总面积的45.84%。其中沼泽化草甸面积63.60万公顷，占西藏沼泽化草甸湿地面积的65.40%。该类

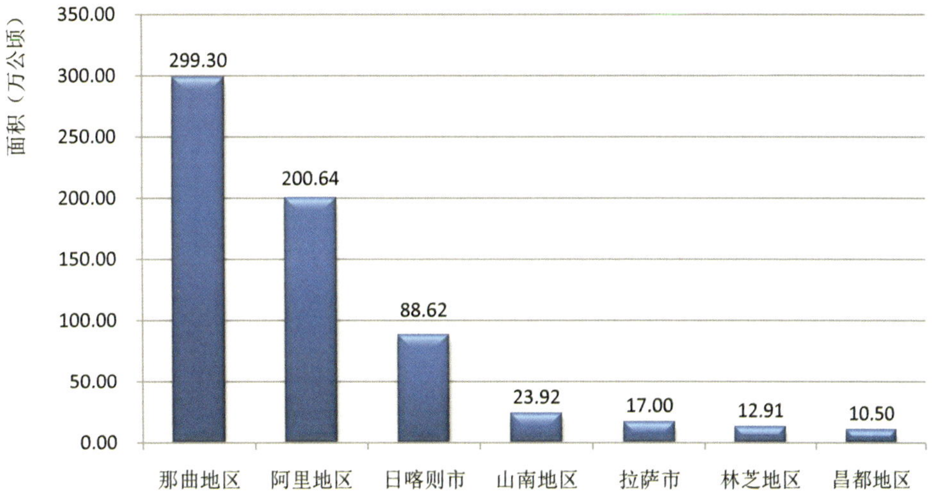

图 **2-14**　西藏自治区 **7** 个地区(市)湿地面积排序

湿地是黑颈鹤、斑头雁、赤麻鸭等湿地鸟类的主要繁殖地，也是藏羚、藏原羚等湿地兽类的主要觅食地。其中的那曲沼泽湿地、班戈东北部湖群沼泽、马尔盖茶卡、打加错是《中国湿地保护行动计划》中所列的国家重要湿地；麦地卡湿地 2004 年列入《湿地公约》国际重要湿地名录。那曲地区湖泊湿地面积 163.83 万公顷，是西藏湖泊湿地面积最大的地区，主要湖泊色林错是西藏最大的湖泊，其次有纳木错(部分在拉萨市区境内)、当惹雍错、格仁错、多格错仁、多尔索洞错、错那湖等。湖内的鸟岛是候鸟棕头鸥、渔鸥、斑头雁、鸸类等湿地鸟类的重要繁殖地。也是高原特有鱼类纳木错裸鲤的分布区。色林错是黑颈鹤国家级自然保护区。纳木错是自治区级自然保护区，当惹雍错已区划为国家湿地公园。

表 2-4　西藏自治区 7 个地区(市)湿地区概况(公顷)

湿地类	湿地型	阿里地区	昌都地区	拉萨市	林芝地区	那曲地区	日喀则地区	山南地区	合　计
河流湿地	永久性河流	80157.13	57351.46	16927.41	77536.60	107745.61	87807.17	46157.76	473683.14
	季节性或间歇性河流	221818.55	84.86	111.57	15.36	142730.87	11020.36	390.82	376172.39
	洪泛平原湿地	163292.37	2833.21	15033.72	17730.34	175459.15	171574.45	38784.50	584707.74
	小　计	465268.05	60269.53	32072.70	95282.30	425935.63	270401.98	85333.08	1434563.27
湖泊湿地	永久性淡水湖	228422.45	11453.37	1491.41	26560.18	273068.90	144124.01	80905.94	766026.26
	永久性咸水湖	593007.60		78867.45		1352668.44	190175.68	35617.55	2250336.72
	季节性淡水湖	2385.06	73.35	40.78		4233.13	1277.66	15.67	8025.65
	季节性咸水湖	2454.26				8357.52			10811.78
	小计(公顷)	826269.37	11526.72	80399.64	26560.18	1638327.99	335577.35	116539.16	3035200.41

（续）

湿地类	湿地型	阿里地区	昌都地区	拉萨市	林芝地区	那曲地区	日喀则地区	山南地区	合　计
沼泽湿地	草本沼泽	110058.74	23356.52	53904.76	2951.45	173296.53	230489.83	36598.52	630656.35
	灌丛沼泽	24108.97	349.77			34.80	1164.39	9.27	25667.20
	森林沼泽				393.20			63.61	456.81
	内陆盐沼	67725.86				45461.37			113187.23
	季节性咸水沼泽	231107.11				73291.18	2695.48		307093.77
	沼泽化草甸	278441.48	9456.38	943.36	3792.98	635970.50	43420.31	389.22	972414.23
	地热湿地	1857.52		872.60		685.94	892.87	87.76	4396.69
	淡水泉/绿洲湿地	382.75							382.75
	小　计	713682.43	33162.67	55720.72	7137.63	928740.32	278662.88	37148.38	2054255.03
人工湿地	库　塘	1216.13		1713.73	47.39		816.05	54.22	3847.52
	运河/输水河		80.48	134.67	62.53	16.45	729.26	139.32	1162.71
	小　计	1216.13	80.48	1848.40	109.92	16.45	1545.31	193.54	5010.23
总　计		2006435.98	105039.40	170041.46	129090.03	2993020.39	886187.52	239214.16	6529028.94

阿里地区湿地面积为200.64万公顷，位居西藏各地级行政区湿地面积第二。其中沼泽化草甸面积27.84万公顷，该区的沼泽化草甸湿地与那曲地区一样，是黑颈鹤、斑头雁、赤麻鸭等湿地鸟类的主要繁殖地，也是藏羚、藏原羚等湿地兽类主要觅食地。玛旁雍错湿地2004年列入《湿地公约》国际重要湿地名录。阿里地区湖泊湿地面积82.63万公顷，是西藏自治区湖泊湿地面积第二大的地区，主要湖泊扎日南木错是西藏第三大湖泊，其次有安拉仁错、塔若错、班公错、玛旁雍错等，湖内的鸟岛是候鸟棕头鸥、鸬鹚、斑头雁、鹬类等湿地鸟类的重要繁殖地。也是高原特有鱼类西藏裂腹鱼、纳木错裸鲤、昂仁裸裂尻鱼的分布区。

第二节
河流湿地

1　河流湿地各湿地型及面积

本次调查河流湿地的界定标准是：按调查期内的多年平均最高水位所淹没的区域进行边界界定。河流湿地根据是否有堤坝保护可分为有堤河和无堤河两类。无堤的河流湿地按调查期内的多年平均最高水位所淹没的区域进行边界界定；有堤的河流湿地以河流两侧的堤坝中心线位置进行边界界定。

河床至河流在调查期内的年平均最高水位所淹没的区域为洪泛平原湿地，包括河滩、河心洲、河谷、季节性泛滥的草地以及常年或季节性被水浸润的内陆三角洲。如果洪泛平原湿地中的沼泽湿地面积不小于8公顷，就单独列出其沼泽湿地型，统计为沼泽湿地；如沼泽湿地小于8公顷，则统计到洪泛平原湿地中。

干旱区的断流河段全部统计为河流湿地。干旱区以外的常年断流的河段连续 10 年或以上断流则断流部分河段不计算其湿地面积，否则为季节性或间歇性河流湿地。

本次调查结果显示，西藏河流湿地共 143.45 万公顷，全区河流湿地包括永久性河流湿地 47.37 万公顷，占河流湿地总面积的 33.02%；季节性或间歇性河流湿地 37.61 万公顷，占河流湿地总面积的 26.22%；洪泛平原湿地 58.47 万公顷，占河流湿地总面积的 40.76%（图 2-15）。

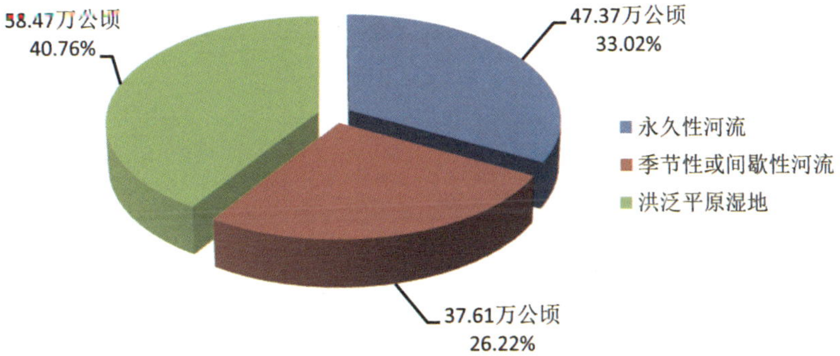

图 **2-15**　西藏自治区河流湿地各湿地型面积与比例构成

西藏自治区是我国河流条数最多的省份之一。据不完全统计，在西藏境内流域面积大于 10000 平方公里的河流有 20 余条，大于 2000 平方公里的河流在 100 条以上。我国著名的长江、澜沧江、怒江、雅鲁藏布江等河都流经这里。其中，怒江、雅鲁藏布江就发源于西藏。西藏又是我国国际河流分布最集中的区域，亚洲著名的布拉马普特拉河、恒河、湄公河、萨尔温江、印度河和伊洛瓦底江的上源都在西藏。河流在地区上的分布特点是藏东南和藏东地区河网密度最大，常年性河流最多。往西往北，河网密度越来越小，季节或间歇性河流越来越多。河流形成的河谷宽度，在西部、西南部、中部和北部较宽广，最宽处可达 10 公里，形成宽阔、较长的洪泛区湿地；东部、东南部和南部河谷较狭窄，甚至形成峡谷，世界上最深、最长的峡谷——雅鲁藏布大峡谷就在西藏东南部。河流的补给类型非常复杂，有降水补给类型的河流，有冰雪融水补给类型的河流，也有地下水补给类型以及混合补给类型的河流。无论是哪种补给类型的河流，其地下水补给和冰雪融水的补给量都占相当大的比重，这正是西藏河流的一个重要特点（图 2-16 ~ 图 2-25）。

图 **2-16**　拉萨河中游（达孜县）

图 **2-17**　澜沧江上游段（昂曲—昌都县）

图 **2-18** 尼洋河下游(工布江达县)

图 **2-19** 年楚河(河岸水潭—日喀则市)

图 **2-20** 怒江上游(打曲—丁青县)

图 **2-21** 怒江源(那曲县)

图 **2-22** 迫隆藏布中游(波密县)

图 **2-23** 温泉河(噶尔县)

图 **2-24** 象泉河(札达县)

图 **2-25** 雅江下游(墨脱县)

受地形的影响，特别是昆仑山脉、喀喇昆仑山脉、唐古拉山脉、冈底斯—念青唐古拉山脉、横断山脉和喜马拉雅山脉的影响，形成了太平洋水系、印度洋水系、藏北内流水系和藏南内流水系4大水系区。河流湿地分布以藏北内流湿地区最多，辽阔的藏北羌塘地区河流绝大多数为内流河，河流的尾闾往往与内陆湖泊相连，组成数以千计的向心水系。而除局部地区外，藏西、藏南、藏东的河流绝大多数为外流河，它们分别注入印度洋和太平洋。印度洋水系区河流一般较长，水量较大。

2　各流域河流湿地分布

西藏自治区河流分为3个一级流域、7个二级流域、12个三级流域。一级流域中，西北诸河区河流湿地80.26万公顷，西南诸河区河流湿地62.00万公顷，长江区河流湿地1.19万公顷(表2-5)。

3　各湿地区的河流湿地型及面积

西藏自治区131个湿地区中有111个湿地区有河流湿地分布，河流湿地总面积143.45万公顷。其中，永久性河流湿地47.37万公顷，季节性或间歇性河流湿地37.61万公顷，洪泛平原湿地58.47万公顷。

4　各地级行政区的河流湿地型及面积

西藏自治区7个地级行政区河流湿地总面积143.45万公顷。阿里地区由于地形相对平坦，河水相对平缓，河床较宽，河流湿地面积达46.53万公顷，居西藏7个地区(市)之首；拉萨市河流湿地3.21万公顷，面积最小。各地级行政区河流湿地面积及其湿地型见表2-6。

表2-5　西藏自治区各流域河流湿地分布概况(公顷)

流域			湿地型			合　计
一级流域	二级流域	三级流域	永久性河流	季节性或间歇性河流	洪泛平原湿地	
西北诸河区	羌塘高原内陆河	羌塘高原区	119171.22	359178.49	324273.44	802623.15
西南诸河区	藏南诸河	藏南诸河	66629.59	2014.67	25983.47	94627.73
	藏西诸河	奇普恰普河	675.67	264.27	348.82	1288.76
		藏西诸河	26704.47	6915.61	21204.40	54824.48
		小　计	27380.14	7179.88	21553.22	56113.24
	雅鲁藏布江	拉孜以上	32616.31	5047.50	110856.68	148520.49
		拉孜至派乡	101027.76	1305.54	93453.91	195787.21
		派乡以下	34295.77	24.65	2566.09	36886.51
		小　计	167939.84	6377.69	206876.68	381194.21
	澜沧江	沘江口以上	20021.68	60.30	222.49	20304.47

（续）

流域			湿地型			合 计
一级流域	二级流域	三级流域	永久性河流	季节性或间歇性河流	洪泛平原湿地	
西南诸河区	怒江及伊洛瓦底江	怒江勐古以上	60350.14	1341.11	5145.51	66836.76
		伊洛瓦底江	941.84			941.84
		小 计	61291.98	1341.11	5145.51	67778.60
	共 计		343263.23	16973.65	259781.37	620018.25
长江区	金沙江石鼓以上	直门达至石鼓	11244.23	20.25	652.93	11917.41
		通天河	4.46			4.46
		小 计	11248.69	20.25	652.93	11921.87
	共 计		11248.69	20.25	652.93	11921.87
总 计			473683.14	376172.39	584707.74	1434563.27

表 2-6 西藏自治区 7 个地级行政区河流湿地分布概况（公顷）

湿地型 地级行政区	永久性河流	季节性或间歇性河流	洪泛平原湿地	合 计
阿里地区	80157.13	221818.55	163292.37	465268.05
昌都地区	57351.46	84.86	2833.21	60269.53
拉萨市	16927.41	111.57	15033.72	32072.70
林芝地区	77536.60	15.36	17730.34	95282.30
那曲地区	107745.61	142730.87	175459.15	425935.63
日喀则市	87807.17	11020.36	171574.45	270401.98
山南地区	46157.76	390.82	38784.50	85333.08
总 计	473683.14	376172.39	584707.74	1434563.27

第三节 湖泊湿地

1 湖泊湿地各湿地型及面积

湖泊是湖盆、湖水、水中所含物质(矿物质、溶解质、有机质以及水生生物等)组成的自然综合体。湖泊湿地主要包括永久性淡水湖、季节性淡水湖、永久性咸水湖、季节性咸水湖等(图 2-26~图 2-33)。

本次调查，西藏自治区湖泊湿地型及其界定标准是：湖泊周围有堤坝的，则将堤坝范围内的水域、洲滩等统计为湖泊湿地；湖泊周围没有堤坝的，将湖泊在调查期内的多年平均最高水位所覆盖的范围统计为湖泊湿地(其中，湖泊内水深不超过 2 米的挺水植物区面积大于 8 公顷，不列为湖泊湿地，将其单独统计为沼泽湿地）。

湖水的矿化度和理化性状表达是：①永久性淡水湖，由淡水组成的永久性湖泊；②永久性咸水湖，由微咸水/咸水/盐水组成的永久性湖泊；③季节性淡水湖，由淡水组成的季节性或间歇性淡水湖；④季节性咸水湖，由微咸水/咸水/盐水组成的季节性或间歇性湖泊。

西藏自治区不仅是世界上海拔最高的高原湖沼分布区，而且是我国湖泊、沼泽分布最集中的区域之一。

图 **2-26**　班公错（日土县）

图 **2-27**　结则茶卡（日土县）

图 **2-28**　冈仁波齐—拉昂错（普兰县）

图 **2-29**　布裙湖（墨脱县）

图 **2-30** 玛旁雍错夕阳(普兰县)

图 **2-31** 纳木错

图 **2-32** 三色湖(边巴县，清晨)

图 **2-33** 然乌湖

在地理位置上，羌塘高原内陆湿地区集中分布着西藏自治区湖泊数量的 90% 以上，面积占西藏自治区湖泊面积的 88.08%。

本次调查统计，西藏自治区有大于或等于 8 公顷的湖泊 5466 个，面积 303.52 万公顷。其中大于 100 公顷的湖泊有 1012 个，面积 292.65 万公顷。湖泊湿地资源分布如图 2-34。

本次调查结果显示，全区永久性淡水湖湿地面积 76.60 万公顷，永久性咸水湖湿地面积 225.03 万公顷，季节性淡水湖面积 0.80 万公顷，季节性咸水湖 1.08 万公顷。

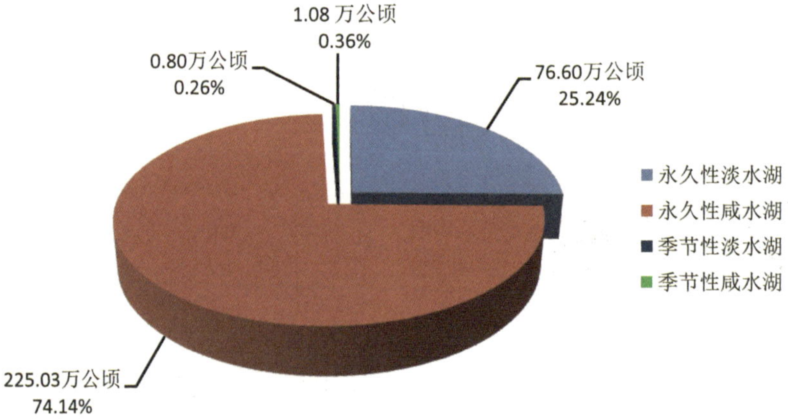

图 **2-34** 西藏自治区湖泊湿地各湿地型面积比例构成

湖泊矿化度由藏东南向藏西北和由藏南向藏北增高，呈现淡水—微咸水—咸水—盐湖—干盐湖的分布趋势。西藏湖泊分区分为三大区：藏东南外流湖区为淡水湖；藏南外泄、内陆湖区为淡水湖、咸水湖或半咸水湖；藏北内陆湖区多为咸水湖，其次为盐湖和干盐湖(图 2-35、图 2-36)。

图 **2-35** 羊卓雍错(浪卡子县)

图 **2-36** 思金拉错(财神湖)(墨竹工卡县)

2 各流域的湖泊湿地型及面积

西藏自治区河流分为 3 个一级流域、7 个二级流域、12 个三级流域。一级流域中，西北诸河区湖泊湿地面积 267.38 万公顷，西南诸河区湖泊湿地面积 35.95 万公顷，长江区湖泊湿地面积 0.19 万公顷(表 2-7)。

3 各湿地区的湖泊湿地型及面积

西藏自治区 131 个湿地区中有 115 个湿地区有湖泊湿地分布，湖泊湿地总面积 303.52 万公顷。其中，永久性淡水湖 76.60 万公顷，永久性咸水湖 225.03 万公顷，季节性淡水湖 0.80 万公顷，季节性咸水湖 1.08 万公顷。

表 2-7 西藏自治区各流域湖泊湿地分布概况(公顷)

流域			湿地型				合计
一级流域	二级流域	三级流域	永久性淡水湖	永久性咸水湖	季节性淡水湖	季节性咸水湖	
西北诸河区	羌塘高原内陆河	羌塘高原区	477700.33	2178600.19	6705.09	10811.78	2673817.39
西南诸河区	藏南诸河	藏南诸河	133560.31	44890.08	289.68		178740.07
	藏西诸河	奇普恰普河	10.79				10.79
		藏西诸河	77554.34	6913.73	44.39		84512.46
		小　计	77565.13	6913.73	44.39		84523.25
	雅鲁藏布江	拉孜以上	20854.34	19830.52	723.49		41408.35
		拉孜至派乡	29821.20	21.17	140.12		29982.49
		派乡以下	12569.48		28.45		12597.93
		小　计	63245.02	19851.69	892.06		83988.77

（续）

流域			湿地型				合计
一级流域	二级流域	三级流域	永久性淡水湖	永久性咸水湖	季节性淡水湖	季节性咸水湖	
西南诸河区	澜沧江	沘江口以上	503.08		11.77		514.85
	怒江及伊洛瓦底江	怒江勐古以上	11496.09	81.03	82.66		11659.78
		伊洛瓦底江	45.14				45.14
		小　计	11541.23	81.03	82.66		11704.92
	共　计		286414.77	71736.53	1320.56		359471.86
长江区	金沙江石鼓以上	直门达至石鼓	1911.16				1911.16
		通天河					
		小　计	1911.16				1911.16
	共　计		1911.16				1911.16
总　计			766026.26	2250336.72	8025.65	10811.78	3035200.41

4 各地级行政区的湖泊湿地型及面积

西藏自治区7个地级行政区的湖泊湿地面积共303.52万公顷。那曲地区为属湖泊湿地分布最密集区域，湖泊众多，湖泊湿地面积达163.83万公顷，居7个地级行政区之首；阿里地区湖泊湿地达82.63万公顷，居7个地级行政区的第2位；昌都地区湖泊湿地1.15万公顷，面积最小。各地级行政区湖泊湿地面积及其湿地型分布见表2-8。

表2-8　西藏自治区7个地级行政区湖泊湿地分布概况

地级行政区＼湿地型	永久性淡水湖	永久性咸水湖	季节性淡水湖	季节性咸水湖	合　计
阿里地区	228422.45	593007.60	2385.06	2454.26	826269.37
昌都地区	11453.37		73.35		11526.72
拉萨市	1491.41	78867.45	40.78		80399.64
林芝地区	26560.18				26560.18
那曲地区	273068.90	1352668.44	4233.13	8357.52	1638327.99
日喀则市	144124.01	190175.68	1277.66		335577.35
山南地区	80905.94	35617.55	15.67		116539.16
总　计	766026.26	2250336.72	8025.65	10811.78	3035200.41

第四节
沼泽湿地

1　沼泽湿地各湿地型及面积

沼泽湿地是一种特殊的自然综合体，凡同时具有以下3个特征的均统计为沼泽湿地：①受淡水或咸水、盐水的影响，地表经常过湿或有薄层积水。②生长有沼生和部分湿生、水生或盐生植物。③有泥炭积累，或虽无泥炭积累，但土壤层中具有明显的潜育层。

1.1　沼泽湿地的边界界定

沼泽湿地的边界界定标准是：①根据其湿地植物的分布初步确定其边界。②根据水分条件和土壤条件确定沼泽湿地的最终边界。③不全部具有沼泽湿地3个特征的沼泽化草甸、地热湿地、淡水泉或绿洲湿地也统计为沼泽湿地。

1.2　沼泽湿地湿地型的界定

本次调查西藏自治区沼泽湿地型及其界定标准是：①草本沼泽，由水生和沼生的草本植物组成优势群落的淡水沼泽。②灌丛沼泽，以灌丛植物为优势群落的淡水沼泽。③森林沼泽，以乔木森林植物为优势群落的淡水沼泽。④内陆盐沼，受盐水影响，生长盐生植被的沼泽。其中，以苏打为主的盐土，含盐量应>0.70%；以氯化物或硫酸盐为主的盐土，含盐量应分别大于1.00%、1.20%。⑤季节性咸水沼泽，受微咸水或咸水影响，只在部分季节维持浸湿或潮湿状况的沼泽。⑥沼泽化草甸，为沼泽向典型草甸植被的过渡类型，是在地势低洼、排水不畅、土壤过分潮湿、通透性不良等环境条件下发育起来的，包括分布在平原地区的沼泽化草甸以及高山和高原地区具有高寒性质的沼泽化草甸。⑦地热湿地，以地热矿泉水补给为主的沼泽。⑧淡水泉/绿洲湿地，以露头地下泉水补给为主的沼泽。

本次调查结果显示：西藏自治区沼泽湿地总面积共205.43万公顷，包括草本沼泽、灌丛沼泽、森林沼泽、内陆盐沼、季节性咸水沼泽、地热湿地、淡水泉/绿洲湿地等8个湿地型。其中，沼泽化草甸面积97.24万公顷，居西藏沼泽湿地面积之首。其次为草本沼泽湿地，面积63.07万公顷；季节性咸水沼泽面积30.71万公顷；内陆盐沼11.32万公顷；灌丛沼泽2.57万公顷；地热湿地0.44万公顷；森林沼泽0.05万公顷；淡水泉/绿洲湿地0.04万公顷(图2-37～图2-44)。

图 **2-37** 嘎朗湿地公园

图 **2-38** 拉鲁保护区沼泽湿地(拉萨)

图 **2-39** 林间沼泽(林芝鲁朗)

图 **2-40** 芦苇沼泽(达孜县)

图 **2-41** 麦地卡沼泽(嘉黎县)

图 **2-42** 满江红沼泽湿地(林芝县)

图 **2-43** 山谷沼泽(定结县)

图 **2-44** 塔格架地热区(措勤县)

2 各流域的沼泽湿地型及面积

西藏自治区分为西北诸河区、西南诸河区、长江区3个一级流域。其中，西北诸河区的湿地型包括草本沼泽、内陆盐沼、季节性咸水沼泽、沼泽化草甸、地热湿地、淡水泉/绿洲湿地；西南诸河区的湿地型包括草本沼泽、灌丛沼泽、森林沼泽、内陆盐沼、季节性咸水沼泽、沼泽化草甸、地热湿地等；长江区的湿地型包括草本沼泽、沼泽化草甸等。

在一级流域内，西北诸河区沼泽湿地为135.09万公顷，面积最大；西南诸河区沼泽湿地为69.38万公顷，面积次之；面积最小的长江区沼泽湿地仅有0.96万公顷(表2-9)。

表2-9 西藏自治区各流域沼泽湿地分布概况(公顷)

流域			湿地型								合计
一级流域	二级流域	三级流域	草本沼泽	灌丛沼泽	森林沼泽	内陆盐沼	季节性咸水沼泽	沼泽化草甸	地热湿地	淡水泉/绿洲湿地	
西北诸河区	羌塘高原内陆河	羌塘高原区	323694.85			112517.13	303926.69	607934.41	2464.20	382.75	1350920.03
西南诸河区	藏南诸河	藏南诸河	89802.50		63.61			2601.38	477.27		92944.76
	藏西诸河	奇普恰普河									
		藏西诸河	10907.22	24108.97	0.00	670.10	672.93	43386.51	109.70		79855.43
		小计	10907.22	24108.97	0.00	670.10	672.93	43386.51	109.70		79855.43
	雅鲁藏布江	拉孜以上	70970.08				2494.15	16359.96	19.53		89843.72
		拉孜至派乡	92945.14	1173.66				31431.12	1176.75		126726.67
		派乡以下	2219.59	142.80	393.20			32.83			2788.42
		小计	166134.81	1316.46	393.20		2494.15	47823.91	1196.28		219358.81
	澜沧江	沘江口以上	8515.95	8.02				11706.36			20230.33
	怒江及伊洛瓦底江	怒江勐古以上	27212.24	233.75				253708.37	149.24		281303.60
		伊洛瓦底江	90.70								90.70
		小计	27302.94	233.75				253708.37	149.24		281394.30
	共计		302663.42	25667.20	456.81	670.10	3167.08	359226.53	1932.49		693783.63
长江区	金沙江石鼓以上	直门达至石鼓	4298.08					5231.68			9529.76
		通天河						21.61			21.61
		小计	4298.08					5253.29			9551.37
	共计		4298.08					5253.29			9551.37
总计			630656.35	25667.20	456.81	113187.23	307093.77	972414.23	4396.69	382.75	2054255.03

3 各湿地区的沼泽湿地型及面积

西藏自治区131个湿地区中有115个湿地区有沼泽湿地分布，沼泽湿地总面积为205.43万公顷，包括草本沼泽、灌丛沼泽、森林沼泽、内陆盐沼、季节性咸水沼泽、沼泽化草甸、地热湿地、淡水泉/绿洲湿地等8种类型(图2-45 ~图2-48)。

图2-45 唐古拉雪山下的沼泽湿地

图2-46 雅尼湿地公园(林芝县)

图2-47 雅尼湿地公园(米林县)

图2-48 沼泽湿地(安多县)

4 各地级区行政区的沼泽湿地型及面积

西藏自治区7个地级行政区沼泽湿地面积205.43万公顷。沼泽类型包括草本沼泽、灌丛沼泽、森林沼泽、内陆盐沼、季节性咸水沼泽、沼泽化草甸、地热湿地、淡水泉/绿洲湿地等。其中以那曲地区的沼泽湿地面积最大，为92.87万公顷；阿里地区的沼泽湿地面积次之，为71.37万公顷；林芝地区的沼泽湿地面积最小，为0.71万公顷。各地级行政区沼泽湿地面积及其湿地型见表2-10。

表2-10 西藏自治区7个地(市)区沼泽湿地分布概况(公顷)

湿地型 / 地级行政区	草本沼泽	灌丛沼泽	森林沼泽	内陆盐沼	季节性咸水沼泽	沼泽化草甸	地热湿地	淡水泉/绿洲湿地	合 计
阿里地区	110058.74	24108.97		67725.86	231107.11	278441.48	1857.52	382.75	713682.43
昌都地区	23356.52	349.77				9456.38			33162.67
拉萨市	53904.76					943.36	872.60		55720.72

（续）

湿地型 / 地级行政区	草本沼泽	灌丛沼泽	森林沼泽	内陆盐沼	季节性咸水沼泽	沼泽化草甸	地热湿地	淡水泉/绿洲湿地	合　计
林芝地区	2951.45		393.20			3792.98			7137.63
那曲地区	173296.53	34.80		45461.37	73291.18	635970.50	685.94		928740.32
日喀则市	230489.83	1164.39			2695.48	43420.31	892.87		278662.88
山南地区	36598.52	9.27	63.61			389.22	87.76		37148.38
总　计	630656.35	25667.20	456.81	113187.23	307093.77	972414.23	4396.69	382.75	2054255.03

第五节
人工湿地

1　人工湿地各湿地型及面积

本次调查人工湿地包括面积不小于8公顷的库塘、运河/输水河、水产养殖场、稻田/冬水田和盐田等（图2-49～图2-58）。

图**2-49**　拉萨布达拉宫公园

图**2-50**　水稻田（察隅）

图**2-51**　八一沼泽（林芝）

图**2-52**　人工湿地（林芝）

图 **2-53** 满拉水库—江孜

图 **2-54** 怒江电站库区(比如)

图 **2-55** 人工池塘(林芝)

图 **2-56** 人工池塘(墨脱)

图 **2-57** 水稻田(察隅)

图 **2-58** 人造林(雅江扎囊县)

西藏自治区的人工湿地型及其界定标准是：①库塘，包括为蓄水、发电、农业灌溉、城市景观、农村生活而导致的积水区，包括水库、农用池塘、城市公园景观水面等。②运河/输水河，为输水或水运而建造的人工河流湿地，包括以灌溉为主要目的的沟、渠。

本次调查结果显示，西藏自治区人工湿地总面积为 0.50 万公顷，占湿地总面积的 0.08%。主要包括库塘、运河(输水河)2 种湿地型。其中，库塘湿地面积 0.38 万公顷，占全区人工湿地的 76%；运河/输水河面积 0.12 万公顷，占全区人工湿地的 24%(图 2-59)。

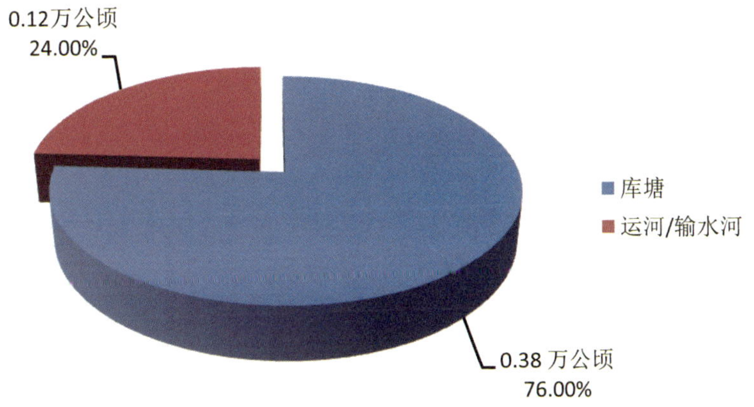

图 **2-59**　西藏自治区人工湿地各湿地型面积比例构成

2　各流域的人工湿地型及面积

从一级流域来看，西藏自治区的人工湿地分布在西南诸河区和长江区 2 个区。其中，西南诸河区人工湿地面积大，长江区人工湿地面积小。各级流域人工湿地分布见表 2-11。

表 2-11　西藏自治区各级流域人工湿地分布概况（公顷）

流域			湿地类		合　计
一级流域	二级流域	三级流域	河流湿地	湖泊湿地	
西北诸河区	羌塘高原内陆河	羌塘高原区			
西南诸河区	藏南诸河	藏南诸河	132.63	59.71	192.34
	藏西诸河	奇普恰普河			
		藏西诸河	1216.13		1216.13
		小　计	1216.13		1216.13
	雅鲁藏布江	拉孜以上	252.35	141.96	394.31
		拉孜至派乡	2246.41	832.19	3078.60
		派乡以下		48.37	48.37
		小　计	2498.76	1022.52	3521.28
	澜沧江	沘江口以上		27.80	27.80
	怒江及伊洛瓦底江	怒江勐古以上		45.57	45.57
		伊洛瓦底江			
		小　计		45.57	45.57
	共　计		3847.52	1155.60	5003.12

（续）

流域			湿地类		合计
一级流域	二级流域	三级流域	河流湿地	湖泊湿地	
长江区	金沙江石鼓以上	直门达至石鼓		7.11	7.11
		通天河			
		小　计		7.11	7.11
	共　计			7.11	7.11
总　计			3847.52	1162.71	5010.23

3　各湿地区的人工湿地型及面积

西藏自治区131个湿地区中有32个湿地区有人工湿地，总面积为0.50万公顷，包括了库塘和运河/输水河两种湿地型。其中库塘面积0.38万公顷，运河/输水河面积0.12万公顷。

4　各地级行政区的人工湿地型及面积

西藏自治区7个地级行政区人工湿地总面积为0.50万公顷，包括库塘和运河/输水河2种湿地型，仅占全自治区湿地总面积的0.08%。人工湿地比重极低，与全自治区海拔高，人口相对稀少的情况吻合。现有的人工湿地主要集中在城市周边区域，如阿里地区城市周边防沙治沙引水工程。其中，以拉萨市人工湿地面积最大，为0.18万公顷；日喀则市人工湿地面积次之，为0.15万公顷；那曲地区人工湿地面积最小，仅16.45公顷。各地级行政区人工湿地面积及其湿地型见表2-12。

表2-12　西藏自治区7个地级行政区人工湿地分布概况

湿地型 / 地级行政区	库塘	运河/输水河	合　计
阿里地区	1216.13		1216.13
昌都地区		80.48	80.48
拉萨市	1713.73	134.67	1848.40
林芝地区	47.39	62.53	109.92
那曲地区		16.45	16.45
日喀则市	816.05	729.26	1545.31
山南地区	54.22	139.32	193.54
总　计	3847.52	1162.71	5010.23

第六节 湿地的分布规律

1 湿地资源特点

西藏自治区土地面积122万多平方公里，约占全国国土面积的12.50%，仅次于新疆维吾尔自治区，为我国第二大省份；西藏人口稀少，全区总人口是290.03万，人口密度仅为2.47人/平方公里，有20多万平方公里的无人区。青藏高原被誉为世界屋脊，西藏是青藏高原的主体部分，湿地资源丰富而特点鲜明，地理景观与生态系统类型极其丰富。北部、西部辽阔的高原面上原生状态保持良好，境内湖泊众多，星罗棋布；南部河流交错，沟谷纵横；东部山峰高耸，河谷深切。

1.1 类型多样、区位重要

在《全国湿地资源调查技术规程(试行)》划分的5类34型湿地中，西藏自治区分布有河流湿地、湖泊湿地、沼泽湿地等自然湿地和人工湿地4大类湿地，并有永久性河流湿地、永久性淡水湖、草本沼泽、森林沼泽等17种湿地型，湿地类型多样。全自治区湿地平均海拔在4000米左右，该区域是我国生物多样性富集和全球生物多样性研究热点地区之一，也是我国和东南亚地区众多大江、巨川的发源地，素有"江河源"和"生态源"之称。该区域是东半球气候的"启动区"和全球气候的重要"调节器"，生态环境极其脆弱，生态状况受到全世界高度关注，生态战略地位极其重要。

1.2 河网密度高，大江大河分布较多

西藏自治区作为青藏高原的主体，四面雪山环绕，俗称山有多高水有多高，地下水资源也十分丰富。境内河流交错，形成了江、河等为骨架的水网体系。河流湿地总面积约143.45万公顷，占西藏全自治区国土面积的1.17%。流域面积大于1万平方公里的河流有20多条，大于2000平方公里的河流有100条以上。我国著名的长江、澜沧江、怒江、雅鲁藏布江等河流都发源或流经这里。其中，怒江、雅鲁藏布江就发源于西藏。亚洲著名的长江、萨尔温江、湄公河、印度河、布拉马普特拉河和伊洛瓦底江都源于或流经这里。从河流在地区上的分布来看，藏东南和藏东地区河网密度最大，常年性河流最多。往西往北，河网密度愈来愈小，间歇性河流越来越多。

1.3 河流归宿地复杂，补给类型复杂

西藏自治区河流按其归宿来归纳，可以划分成四大水系，即太平洋水系、印度洋水系、藏北内流水系和藏南内流水系。藏南的河流除局部地区外，绝大多数为外流河，分别注入印度洋和太平洋。西藏河流的补给类型非常复杂，有降水补给类型的河流，有冰雪融水补给类型的河流，有地下水补给类型以及混合补给类型的河流。值得指出的是，无论是何种补给类型的河流，其地下

水补给和冰雪融水的补给量都占相当大的比重。广大藏北地区的河流为内流河，河流的尾闾往往与内陆湖泊相连，组成数以千计的向心水系。另外，地下河是藏北羌塘地区湿地的一大特色。藏北羌塘区域达70万平方公里，这里不少河流上游有来水，流至山前地带或湖滨平坦地区，忽而消失，或只剩下很少支沟有水。这是由于河水潜入松散地层，以伏流方式汇流的结果。它们有时复出而没，最后在河口平坦地区形成大片沼泽，或者以地下水方式直接补给湖泊。如错尼、马尔盖茶卡、达则错等。

1.4 湖泊数量多，面积大

西藏自治区的湖泊群不仅是世界上海拔最高、范围最大、数量最多的高原湖泊区，而且是我国湖泊分布最集中的区域之一，境内大于或等于8公顷的湖泊5466个，面积303.52万公顷。其中大于100公顷的湖泊有1012个，面积292.65万公顷。本次调查显示：全区永久性淡水湖湿地面积76.60万公顷，永久性咸水湖湿地面积225.03万公顷，季节性淡水湖面积0.80万公顷，季节性咸水湖1.08万公顷。西藏自治区湖泊湿地面积占全区国土面积的比例达2.47%。西藏湖泊面积约占我国湖泊总面积的1/3。湖泊分布的另一个显著特点是，凡是有高大山体，冰川发育，水源补给相对丰富的区域，都有较集中的湖泊或湖泊群。西藏湖泊除构造原因提供了较大范围的湖盆条件外，水源是非常重要的条件。冈底斯—念青唐古拉山脉由西向东约绵延1000多公里，位于西藏的中部，位置偏南，降水量相对较大，冰雪融水补给又较充足，因此，发育了许多大湖，如纳木错、色林错、扎日南木错、当惹雍错、塔若错、昂拉仁错等。另外，羌塘东北部地区降水量相对较多，有利于现代冰川发育，使湖泊可以获得比较丰富的高山冰雪融水补给。因此，成为仅次于藏北南部的另一个湖泊集中地区。自北向南，面积大于200平方公里的湖泊有多格错仁强错、多格错仁、多尔索洞错等。同样，本区西北部高大的喀喇昆仑山东段绵延，也有冰山积雪分布。因此，这一地区也有较大的湖泊分布，如鲁玛江冬错、郭扎错、拜惹布错、美马错和阿鲁错等。

1.5 湖泊南北差异较大

北部降水少，水源不足，入湖河流比较短小，多时令河，湖泊个体较小，且分散而孤立，特点是数量多，分散，并且面积较小。南部降水相对较多，水系发育，湖泊相对密集，湖泊个体亦较大。造成这里湖泊集中、个体较大的原因，除构造原因提供了较大范围的湖盆条件外，水源是另一重要的条件。由于位置偏南，降水量相对较大，冰雪融水补给又较充足。此外，西藏湖泊矿化度由藏东南向藏西北和由藏南向藏北增高，呈现淡水—微咸水—咸水—盐湖—干盐湖的分布趋势。

1.6 湿地生物多样性丰富

由于西藏自治区地理位置特殊，有从热带到寒带的自然环境条件，因此，孕育了较丰富的西藏湿地生物多样性，尤其鸟类、哺乳类等物种多样性极为丰富。湿地鸟类种类繁多，且国家重点保护或珍稀濒危鸟类数量多。据资料统计和本次调查，西藏自治区湿地鸟类共有57种，隶属于8目16科；鱼类有71种，分隶于3目5科(4亚科)22个属，约占我国整个青藏高原鱼类92个种和20个亚种的63%以上；两栖动物共45种，隶属于2目6科；爬行动物有55种，隶属于8科35

属；哺乳动物有132种，隶属于8目21科。湿地动物中属于国家重点保护的动物46种，其中国家Ⅰ级保护野生动物19种，国家Ⅱ级保护野生动物27种。

1.7 湿地生态系统稳定性低

东南部沼泽化草甸湿地是高山五花草甸向湖滨沼泽过渡的湿地植被，其物种丰富，群落结构多样，软体动物和蠕虫类较多，是涉禽类觅食的重要地区，同时对水源有重要的生物净化和物理过滤作用。然而，此类湿地处于水陆交错过渡地带，生态系统稳定性低，不可替代性显著，在受到干预后很容易向陆生生态系统演变。东部、东南部高山沼泽湿地生态系统是由高山上的积雪或冰融化后在山巅低凹处与高寒湿生植物共同发育形成的一类特殊的高山上部沼泽湿地，这类沼泽湿地有重要的水源涵养、水源补给功能和水文、气候调节作用，对维护高山生态系统的平衡与稳定有着重要意义。但受大气降水的影响非常明显，对环境变化十分敏感，生态极其脆弱。

1.8 以草本沼泽占主导地位，沼泽形成年代古老，形成背景南北不同

西藏自治区沼泽湿地类型多样，全国9种沼泽湿地型在此均有分布，但以草本沼泽占绝对优势。西藏南部拉萨、日喀则地区的沼泽主要形成于距今1万年以前的早全新世。中、晚全新世时期也有沼泽形成与发育。例如藏南当雄盆地支沟谷地海拔4380米处的乌玛曲泥炭地，其底层距地表190~200厘米处的泥炭，^{14}C测年为距今9970±135年，说明该沼泽形成于全新世早期。仲巴县海拔4570米的山前洪、冲积扇缘洼地的藏北嵩草—华扁穗草沼泽的底层泥炭，190~200厘米处，^{14}C测年为3985±85年，说明该沼泽形成于距今4000年左右的中全新世。亚东县海拔4390米的多庆错附近冰水洼地沼泽，其底部泥炭距地表80~90厘米处，^{14}C测年为1380±75年，形成是晚全新世。拉萨近郊海拔3635米阶地上的芦苇沼泽，底层泥炭60~70厘米处，^{14}C测年为距今205±70年，也是晚全新世形成的。沼泽湿地依据有没有泥炭的累积划分为泥炭沼泽和潜育沼泽。西藏沼泽的形成方式是：藏北高原以潜育沼泽为主，而藏南高原则以泥炭沼泽为主。潜育沼泽有温泉沼泽、湖滨沼泽、河漫滩沼泽。泥炭沼泽有冰水洼地沼泽、冰蚀洼地泥炭沼泽、沟谷泥炭沼泽、扇缘泥炭沼泽、山间盆地泥炭沼泽、阶地泥炭沼泽、冰蚀湖盆泥炭沼泽。

1.9 西藏盐沼湿地丰富

西藏的盐沼主要分布在西北部的高寒干旱和半干旱气候条件下的羌塘高原；南部的某些内陆湖盆、河流洼地及温泉附近亦有零星分布。藏北内陆湖区受干冷的大陆性气候影响，雨季集中，旱期长，湖泊、河流、滩地、沼泽的水体蒸腾强烈，季节性消长明显，形成了大量的盐沼。盐沼湿地内常见有以匍匐水柏枝、喜马拉雅碱茅、小碱茅、光稃碱茅、藏北碱茅、细叶西伯利亚蓼为建群植物的盐生植物群落，有大面积的盐沼，是藏北湿地的一大特色。

1.10 湿地景观突出，湿地文化闻名海内外

西藏自治区不但湿地面积广阔，而且有蓝天碧水和丰肥水草所映衬，湿地景观极为壮观。如纳木错、雅鲁藏布江大峡谷等湿地景观为世人所称叹。此外神山圣湖众多，闻名海内外的“三大圣湖”，为藏族群众心中的圣地。近年来，随着全区生态旅游事业的发展，已成为国内外人士游

历西藏、亲近自然、欣赏湿地、了解人文风俗的重要场所。如玛旁雍错被佛教、印度教、耆教和苯教尊为圣湖，佛教和苯教徒把它看做是至上圣地和“世界中心”，每年来自世界各地的朝圣者和旅游者络绎不绝。玛旁雍错也是唐朝玄奘西天取经路过的“西天瑶池”。

1.11 湿地的环境、风貌相对原始自然，受干扰强度低

西藏自治区是全国人口密度最小的省份，虽然开发利用活动历史悠久，但利用方式较单一、原始，仅将沼泽湿地作为放牧场所，因此，湿地受干扰强度相对低。目前，除部分人类聚居区周边的湿地开发利用强度有所加大外，大部分湿地仍处于原始、自然的状态，是我国众多高原特有珍稀野生动物栖息的乐园。

2 湿地分布规律

西藏自治区湿地遍布全区，但总体上东部地区多于西部地区，中部、南部地区多于北部地区。湿地分布与大气降水量相吻合。高原上降水量从东南部900毫米以上向西北逐渐减少到100毫米以下，年降水量梯度约为100毫米。西藏北部地区以湖泊湿地为主；中、南与西部地区以自然河流、沼泽湿地比重较高；东部地区主要为自然河流湿地，局部有以草本沼泽为主的沼泽湿地分布；北部、西部沼泽湿地辽阔，其中藏北羌塘地区特别是羌塘南部分布面积最大、最为集中。

西藏自治区湿地资源丰富，河流、湖泊、沼泽湿地总体上呈现出交错分布、相互镶嵌的格局，形成了一个完整的湿地生态网络，是西藏自治区生态屏障的重要组成部分。

2.1 湿地植被分区明显

以草本沼泽为主的沼泽湿地面积大，植被类型简单。西藏自治区河流、湖畔均有植被分布。西藏高原气候高寒，多年冻土发育，现代冰川的冰雪融水补给充足，在海拔4000米以上的山间洼地、湖群洼地、河谷和大河源区，有大面积沼泽。尤其是长江、雅鲁藏布江、怒江、拉萨河发源地的沼泽连片集中，是西藏面积最大的高原型沼泽区。但湿地植被类型简单，只有草丛沼泽。根据草本沼泽分布数量的多寡，西藏沼泽区可分为5个大区，即：藏北长江、怒江河源沼泽多量区；藏南雅鲁藏布江谷地沼泽区；羌塘高原东南部较多区；藏东、藏东南高山深谷、喜马拉雅山南坡沼泽较少区和藏西北羌塘高原沼泽极少区。

2.2 河流湿地特点明显

西藏自治区中、南部地区以永久性淡水河为主，河网密度高，河流集雨面积大，水资源丰富，以综合补给为主，是我国大江大河集中分布区，包括以雅鲁藏布江为主的永久性河流湿地等；藏西北的那曲与阿里地区则以季节性或间歇性河流为主，河流以冰雪融降水补给为主，多为内流河；洪泛平原在藏中、藏西平缓河谷地区广泛分布。

2.3 湖泊湿地分布有规律

西藏自治区湖泊湿地从南到北均有分布，东西向又以中北部分布较为广泛。凡是有高大山体，冰川发育，水源补给相对丰富的区域，都有较集中的湖泊或湖泊群。全区有2条湖泊集中分

布带(区)：一是沿冈底斯山—念青唐古拉山脉北麓纵向断裂带分布区，该区域有西藏大湖区之称，如纳木错、色林错、扎日南木错、当惹雍错、塔若错、昂拉仁错等，皆依次地沿冈底斯山—念青唐古拉山脉北麓纵向断裂带排列，且几乎分布在同一纬度带上；二是喜马拉雅山脉北麓分布带(区)，在山南、日喀则由东向西延绵千里，包括羊卓雍错、普莫雍错、多庆错、佩古错、玛旁雍错等，依次沿喜马拉雅山脉北麓成东西向排列，这种密度在国内尚属罕见。湖泊矿化度由藏东南向藏西北和由藏南向藏北增高，呈现淡水—微咸水—咸水—盐湖—干盐湖的分布趋势。湖泊分为三大区：藏东南外流湖区为淡水湖；藏南外泄、内陆湖区为淡水湖、咸水湖或半咸水湖；藏北内陆湖区多为咸水湖，其次为盐湖和干盐湖。

2.4 动植物类型丰富

西藏自治区湿地植物与湿地动物类型丰富，地区差异显著。受特殊的气候、地理位置影响，分布有从"热带"到"寒带"的生物类型，湿地植物从东部到西部、从南部到北部由森林沼泽—灌丛沼泽—草本沼泽延续分布，湿地动物有低海拔—中海拔—高海拔—极高海拔的湿地动物分布，湿地生物多样性丰富。

2.5 沼泽湿地分布有规律

沼泽湿地主要分布在河源和较宽河谷地带。长江河源区、怒江、雅鲁藏布江、拉萨河等发源地因地势平坦，沼泽极为发达，沼泽广泛分布。如怒江源区安多北部受西南季风的影响，降水较多，年均降水量为 400～700 毫米，其中 85% 集中降于暖季。雅鲁藏布江河源区，海拔 4000 米左右，其河谷宽阔坦荡，河道迂回曲折，湖塘广布，冻土发育，有大片的沼泽分布，如仲巴县达洼龙沼泽面积约 140 公顷以上，泥炭厚度可达 5 米。而藏东山高谷深，山脊与河谷高差可达 1000 米以上，山势陡峻，河床深切，排水良好，不利于沼泽形成，仅有小面积沼泽分布在 2800 米以上的山顶终年积雪的冰雪洼地、冰川湖以及分水岭附近残留的夷平面或山原面的湖泊滩地和平坦低洼地上。沼泽湿地的分布区海拔高程均较高，且从东向西逐渐升高，如雅鲁藏布江中游的沼泽，多分布于海拔 3000～4000 米；向西到上游一带，为 4500 米以上；向北，那曲地区为海拔 4600 米；到唐古拉山区则达海拔 5200 米；唐古拉山的沼泽湿地最高海拔达 5400 米，是世界上海拔最高的沼泽湿地。

第三章
湿地生物资源

第一节
湿地植物和植被

1 西藏湿地植物种类组成

第二次全国湿地调查结果显示，西藏自治区湿地植物包括高等植物591种，隶属65科205属(附录1)。其中苔藓植物30种，隶属6科11属；蕨类植物7种，隶属5科6属；裸子植物2种，隶属1科1属；被子植物552种，隶属53科187属。被子植物中，单子叶植物15科54属144种；双子叶植物38科133属408种(图3-1、图3-2)。

图**3-1** 糙苏(唇形科)

图**3-2** 小花金莲花(毛茛科)

1.1 科的统计分析

西藏湿地植物中含30种以上的科有7个，即禾本科、菊科、莎草科、豆科、毛茛科、十字花科和玄参科，占总科数的10.77%，共有268种，隶属92属，分别占总属数的44.88%和总种数的45.35%。含10~30种的科有10个，共194种，隶属46属，分别占总科数的15.38%，占总属数的22.44%和总种数的32.83%。含10种以下的科有48个，共129种，隶属67属，分别占总科数的73.85%，占总属数的32.68%和总种数的21.83%。其中，仅含1种的科计20个，占总科数的30.77%。10个所含属的个数最多的科依次排列是：禾本科23属，十字花科16属，菊科13属，豆科12属，莎草科11属，石竹科和毛茛科各10属，藜科8属，龙胆科和玄参科各7属。此10科中按照所含种数的多少依次排列是：莎草科52种，菊科49种，禾本科42种，豆科32种，十字花科、玄参科和毛茛科各31种，石竹科25种，龙胆科24种，藜科18种。

1.2　属的统计分析

含10种以上的属有11个，占总属数的5.37%。其中，柳属22种，马先蒿属19种，蓼属17种，灯心草属16种，嵩草属15种，泥炭藓属14种，蒿属和委陵菜属各12种，薹草属11种，龙胆属和风毛菊属各10种。含5～9种的属22个，占总属数的10.73%。如，棘豆属9种；报春花属8种(图3-3)；蔗草属、柳叶菜属、毛茛属、无心菜属等属7种；虎耳草属、水柏枝属等属6种。含3～4种的属共33个，占总属数的16.10%。如，碱毛茛属4种(图3-4)；老鹳草属4种；酸模属3种等。其余139属每属仅含1～2种，占总属数的67.80%。

图3-3　报春花(丁青县—溪流)

图3-4　碱毛茛

1.3　种的统计分析

按照植物生活型来划分，在西藏自治区591种湿地植物中，草本植物占绝对优势，共有539种，占高等植物总种数的91.20%；木本植物(包括乔木、灌木)仅有52种，占高等植物总种数的8.80%。

1.4　常见湿地植物

西藏自治区常见的湿地植物种类有：藏北嵩草、藏西嵩草、矮生嵩草、扁穗草、华扁穗草、大花嵩草、黑褐薹草、芒尖薹草、青藏薹草、少花荸荠、卵穗荸荠、赖草、狗牙根、苦荬菜、江南灯心草、片髓灯心草、展苞灯心草、西南鸢尾、金脉鸢尾、狼杷草、北水苦荬(图3-5)、肉果草、水麦冬、蕨麻委陵菜、海乳草等(图3-6)。

1.5　珍稀濒危湿地植物

西藏自治区国家重点保护野生植物共有26种。其中，国家Ⅰ级保护野生植物6种；国家Ⅱ级保护野生植物20种。湿地植物中未发现有珍稀濒危植物。

图 **3-5** 北水苦荬

图 **3-6** 海乳草

1.6 特有湿地植物

本次调查结果表明：西藏自治区共计分布有江孜沙棘、西藏沙棘、班公柳、藏北嵩草、藏西嵩草、喜马拉雅嵩草、西藏嵩草、喜马拉雅碱茅、珠峰薹草、藏北碱茅 10 种特有湿地植物。

1.7 湿地植物区系特点

西藏自治区湿地高等植物区系分布表明，湿地植物的分布受水分因素的影响较大，尤其是湿生植物的种类，既具有地带性和地域性的特点，又具有隐域性特点。

根据吴征镒(1991)的中国种子植物属分布类型的划分系统，全区湿地种子植物 188 属分别属于下列不同的分布区类型(表 3-1)。

表 3-1 西藏湿地种子植物属的分布类型

分布类型	属数	占总属数比例(%)
1. 世界分布	48	25.53
2. 泛热带分布	18	9.57
3. 热带亚洲和热带美洲间断分布	2	1.06
4. 旧世界热带分布	1	0.53
5. 热带亚洲至热带大洋洲分布	2	1.06
6. 热带亚洲至热带非洲分布	4	2.13
7. 热带亚洲分布	1	0.53
8. 北温带分布	72	38.30
9. 东亚和北美洲间断分布	3	1.60
10. 旧世界温带分布	14	7.45
11. 温带亚洲分布	3	1.60
12. 地中海、西亚至中亚分布	7	3.72
13. 中亚分布	1	0.53
14. 东亚分布	9	4.79
15. 中国特有分布	3	1.60
合 计	188	100

中国的种子植物属共有15个分布区类型。而此次调查发现，在西藏分布有全部15个类型(表3-1)。其中，2~7型为热带性分布，8~15型为温带性分布。世界分布类型有48属，占总属数的25.53%；泛热带、旧世界热带等6个热带分布类型共有28属，占总属数的14.89%；北温带、旧世界温带等8个温带分布类型共有112属，占总属数的59.57%。其中，北温带分布类型就有72个属，体现了西藏湿地植物区系明显的温带性质。

1.7.1 区系地理成分复杂，兼有地带性和隐域性分布的特点

从上节的区系分析中可知，西藏湿地植物区系地理成分复杂，全国15个分布区类型的植物都有分布。其中，以温带分布的类型比例最高，反映了高原寒冷气候对植物的影响，突出了地带性特征。同时，除温带分布类型以外，以广布种为主，也表现出明显的隐域性特点。

1.7.2 湿地植物群落中优势种明显

在不同生态环境中发育的湿地植物群落均有比较明显的优势种，在未受人为过度干扰的情况下，植被覆盖度多在60%以上。典型的有以下几种类型：沼泽化草甸中常见的建群种有藏北嵩草、藏西嵩草、喜马拉雅嵩草、长轴嵩草、扁穗草、华扁穗草、水葱等；草本沼泽湿地中建群种有红线草、杉叶藻、芦苇、浮叶眼子菜等；洪泛湿地中的建群种有沙棘、西藏沙棘、秀丽水柏枝、小苞水柏枝、河柏、三春柳等；灌丛沼泽湿地中常见建群种有沙棘、高山柳等；森林沼泽湿地中常见的建群种有江孜沙棘。

1.7.3 双子叶植物丰富度较高，而单子叶植物在多度上占优势

在西藏自治区湿地植物区系中，共有双子叶植物408种，占种子植物总种数的73.65%，其中菊科最多，有49种，占双子叶植物总数的12.01%。总体上，双子叶植物种类的特点是，科数多，属数多。对比而言，单子叶植物物种数相对较少，共有144种，占种子植物总种数的26.00%，且集中分布于莎草科(52种)与禾本科(42种)。但在高原上广泛分布的湿地草本植物中的建群种多为单子叶植物，盖度大，重要值高。

1.7.4 特有现象明显

西藏自治区湿地植物区系中属于中国特有属有3个，分别为冬麻豆属、小果滨藜属、辐花属。湿地植物中西藏特有种丰富，其中有不少种是构成西藏湿地植物群落的优势种，如：江孜沙棘、西藏沙棘、班公柳、藏北嵩草、藏西嵩草、喜马拉雅嵩草、西藏嵩草、喜马拉雅碱茅、珠峰薹草、藏北碱茅等。特有现象与境内地势起伏，幅员辽阔，生境独特而复杂，地质历史年轻等因素有关。

1.7.5 植被的水平和垂直分布规律明显

西藏自治区由于它所处的地理位置、高亢的地势、广阔的面积，形成了独特的气候条件。植被分布因高原地形、地貌和海拔的差异，光、热、水分状况的再分配，而表现明显的水平、垂直分异。从东南向西北依次分布有森林、灌丛、草原、荒漠植被；从低海拔至高海拔，则是从热带植被，向山地温带、高山寒带植被过渡。

湿地植被亦从藏东南向西北，随着海拔的升高、水热条件的差异，呈现出明显的规律。在藏东南部，湿地植被类型丰富，出现了寒温性针叶林湿地植被、落叶阔叶林湿地植被、落叶阔叶灌丛湿地植被、常绿阔叶灌丛湿地植被、盐生灌丛湿地植被、莎草型湿地植被、禾草型湿地植被、杂类草湿地植被、漂浮植物、浮叶植物、沉水植物，其间常有热带、亚热带植物出现；中南部以

落叶阔叶灌丛湿地植被、常绿阔叶灌丛湿地植被、盐生灌丛湿地植被、莎草型湿地植被、禾草型湿地植被、杂类草湿地植被、浮叶植物为主，丰富程度明显下降，组成以温带植物为主；到西北部，仅有盐生灌丛湿地植被、莎草型湿地植被、禾草型湿地植被、杂类草湿地植被占主导，植被类型单一，盐生植物成分明显增加。

1.7.6 季节性湿地中常见有旱生植物出现

西藏自治区湿地中有大量季节性湖泊、季节性或间歇性河流及洪泛平原湿地，主要分布于大陆性气候控制的西部、北部的半干旱、干旱地区，由于干湿季分明，且雨季短，一年中大部分时间里季节性的河流、湖泊及洪泛平原湿地处于干涸的状态，此类湿地中常见如砂生槐等旱生植物为建群种的植物群落。

1.8 植被类型、面积与分布

依据植被型组—植被型—群系的分类系统，通过对西藏 59 块重要湿地和 589 个样方调查发现，西藏自治区湿地植被共有 5 个植被型组，11 个植被型，群系超过 81 个。全区湿地植被总面积 1666437.34 公顷。

常见的植被类型和分布状况如下：

1.8.1 针叶林湿地植被型组

Ⅰ. 寒温性针叶林湿地植被型

（1）墨脱冷杉群系：该类冷杉林主要分布在墨脱县 4000 米的山间平洼地带。土壤湿润、排水不良，雨季时常见积水。林下土壤为腐殖质沼泽土或泥炭腐殖质沼泽土。建群乔木高 20 米左右，郁闭度 0.7。林分组成相对较复杂，乔木层主要以墨脱冷杉占优势，混生有少量的苍山冷杉、怒江红杉、糙皮桦等。林内阴湿，林下灌木种类相对较多。盖度在 60% 左右。以杜鹃占优势，此外还有柳叶忍冬、银背柳等；草本层发育较好，种类较多，盖度较大，为 20% 左右。种类主要有冷水花、鹿药。薹草较多，苔藓植物较发达。分布面积约 392.26 公顷。

1.8.2 阔叶林湿地植被型组

Ⅰ. 落叶阔叶林湿地植被型

（1）新疆杨群系：新疆杨在雅鲁藏布江中游及其支流河谷地带广泛栽培，主要生长在河岸、滩涂上。群落内冠层盖度达 70% 以上，高度可达 14 米。常见伴生种有车前、狼尾草等。分布面积 392.26 公顷。

（2）北京杨群系：北京杨在雅鲁藏布江中游及其支流河谷地带广泛栽培，主要生长在河岸、滩涂上。群落内冠层盖度达 60% 以上，高度可达 14 米。常见伴生种有车前、狼尾草等。在湿地中，分布面积较小，与其他群系混生，面积较难统计。

（3）藏川杨群系：藏川杨分布在日喀则、拉萨、山南、林芝、昌都等地，为天然发育或人工栽培。盖度有 60%，高度可达 15 米。伴生种有乌柳、沙棘等。在湿地中，分布面积较小，与其他群系混生，面积较难统计。

（4）垂柳群系：垂柳在西藏自治区中部河谷地带分布，多为人工栽培。河岸边常见，盖度有 50% 左右，高度一般约 5 米。嵩草、薹草、肉果草为常见伴生种。在湿地中，分布面积较小，与其他群系混生，面积较难统计。

(5)白柳群系：白柳在西藏自治区中部广泛分布，人工栽培或野生。河岸常见。群落冠层盖度可达 70%，高度可达 7～10 米。常见伴生种有早熟禾、小早熟禾、狗牙根等。分布面积约 11683.14 公顷。

(6)康定柳群系：康定柳在西藏自治区中部河谷地带分布，人工栽培或野生，常见河边有分布。盖度可达 60%，高度可达 6～9 米以上。在湿地中分布面积较小，与其他群系混生，面积较难统计。

(7)旱柳群系：旱柳在日喀则、拉萨、山南、林芝、昌都等地有分布，为人工栽培。盖度有 60%，高度可达 8 米。伴生种有绢毛蔷薇、扁刺蔷薇等。分布面积约 8423.50 公顷。

(8)沙棘群系：沙棘在藏南、藏东河谷卵石滩上常见，呈小片块状分布(图 3-7、图 3-8)。盖度可达 40%～70%，高度有 1～3 米。常见伴生种有水柏枝、早熟禾、蕨麻委陵菜等。在湿地中，分布面积较小，与其他群系混生，面积较难统计。

图 **3-7**　沼泽地带的沙棘林

图 **3-8**　错那古沙棘林

(9)江孜沙棘群系：江孜沙棘在雅鲁藏布江中游河谷及其支流的河滩沼泽地、卵石滩有分布。盖度可达 50%～70%，高度有 3～5 米。常见伴生种有水柏枝、早熟禾、华扁穗草、肉果草、委陵菜等。分布面积约 24079.96 公顷。

1.8.3　灌丛湿地植被型组

Ⅰ.落叶阔叶灌丛湿地植被型

(1)西藏沙棘群系：西藏沙棘在羌塘高原中、南部和藏南海拔 4400 米以上的宽谷砾石河滩地有分布。盖度可达 30%～60%，高度只有 15～30 厘米。常见伴生种有垫状金露梅(图 3-9)、匍匐水柏枝(图 3-10)等。分布面积 1788.90 公顷。

(2)乌柳群系：乌柳分布在林芝、拉萨、日喀则等地，生于海拔 2700～4000 米的山沟水边及林中。盖度可达 70%，高度 2～3 米。常见伴生种有沙棘、小苞水柏枝等。分布面积约 107.70 公顷。

(3)班公柳群系：班公柳分布于阿里地区日土县班公错，生于湖边或河滩地。盖度可达 60%，高度 2～4 米。常见伴生种有藏西嵩草、青藏薹草等。在湿地中，分布面积较小，与其他群系混生，面积较难统计。

(4)高山柳群系：高山柳在西藏自治区广布，生长于高山河流滩地及两岸，山间洼地沼泽化草甸中也有小片分布。盖度可达 60%，高度 2～4 米。常见伴生种有藏北嵩草、薹草等。在湿地

图 **3-9** 垫状金露梅(措木及日)

图 **3-10** 匍匐水柏枝

中，分布面积较小，与其他群系混生，面积较难统计。

(5)砂生槐群系：砂生槐在雅鲁藏布江中游及其主要支流宽谷内有分布，生长于河谷风成沙滩地、洪泛滩地。盖度可达10%~60%，高度30~40厘米。常见伴生种有白草、棘豆等。分布面积约1695.35公顷。

(6)垫状金露梅群系：该群系在羌塘高原、日喀则西北部和阿里中西部湖畔、河滩有分布(图3-9)。盖度可达10%~30%，高度5~10厘米。常见伴生种有嵩草、坚果薹草等。分布面积325.25公顷。

(7)小叶金露梅群系：该群系在西藏自治区广泛分布，常在高山湖畔、河滩及沿岸沼泽中生长。盖度可达20%~30%，高度30~100厘米。常见伴生种有嵩草、薹草等。在湿地中，分布面积较小，与其他群系混生，面积较难统计。

(8)窄叶鲜卑花群系：该群系分布于西藏自治区东部和东南部，生于海拔3200~4600米的高山灌丛及河边路旁或阴坡湿润处。盖度可达60%，高度140厘米。常与嵩草、薹草类组成灌丛—草本沼泽湿地。在湿地中，分布面积较小，与其他群系混生，面积较难统计。

Ⅱ. 常绿阔叶灌丛湿地植被型

(1)北方雪层杜鹃群系：该群系在藏东三江流域高山带，常占据阴坡和半阴坡及山间洼地的沼泽化草甸。盖度可达50%~70%，高度0.6~1米。常见伴生种有毛嘴杜鹃、藏北嵩草、西藏嵩草等。分布面积约52公顷。

(2)樱草杜鹃群系：该群系广泛分布于西藏自治区东南部和东部的拉萨、林芝、昌都等地，占据海拔4000~5200米的阴坡和半阴坡及山间洼地，常与嵩草、薹草类组成灌丛—沼泽化草甸。盖度可达60%~70%，高度0.6~1米。每年夏季常有高山雪融水浸泡。在湿地中分布面积较小，与其他群系混生，面积较难统计。

(3)露兜树群系：该群系生于墨脱以南海拔1500米以下的热带季雨林湖边和水沟边。盖度可达60%~70%，高1~2米，伴生有香蒲、蔗草、菅草和热带沼泽植物等。在湿地中分布面积较小，与其他群系混生，面积较难统计。

Ⅲ. 盐生灌丛湿地植被型

(1)秀丽水柏枝群系：该群系分布于西藏自治区西部阿里地区狮泉河、葛尔河、象泉河流域及其支流河谷地带，藏南的扎囊、错那亦有分布，常占据砾石质河滩和湖滨，与土质较多处发育的河滩草甸群落呈复合分布。盖度可达25%~35%，高度约1.5~2.5米。常见伴生种有赖草、大花蒿、短芒大麦草等。分布面积约3150.90公顷。

(2)匍匐水柏枝群系：该群系在羌塘高原中、北部间歇性小河的砾石质河滩和湖滨湿地上常见，土壤轻度盐渍化(图3-10)。盖度可达20%~30%，高度只有1~5厘米。常见伴生种有嵩草、针叶风毛菊、垂穗披碱草、点地梅、垫状驼绒藜等。分布面积约8370.22公顷。

(3)小苞水柏枝群系：该群系在察隅、波密、林芝、曲水、日喀则有分布，常占据砾石质河滩。盖度可达40%~60%，高度只有0.7~1.5米。常见伴生种有白草、委陵菜等。在湿地中分布面积较小，与其他群系混生，面积较难统计。

1.8.4 草丛湿地植被型组

Ⅰ. 莎草型湿地植被型

(1)矮藨草群系：该群系产札达、定日、吉隆和那曲等地。生于海拔3700~4700米的河滩水边，高原面的潮湿处。盖度可达40%，高度只有13厘米。常见伴生种有嵩草、薹草等。在湿地中分布面积较小，与其他群系混生，面积较难统计。

(2)茸球藨草群系：该群系产察隅。生于海拔1500~1600米的水边或山坡草丛中。盖度可达50%，高度只有130厘米。在湿地中分布面积较小，与其他群系混生，面积较难统计。

(3)水葱群系：该群系分布于拉萨、波密，生于湖泊、河岸浅水带或沟渠、水塘中，形成块状分布的单优群落(图3-11)。盖度70%左右，高度40~100厘米。常见伴生种有杉叶藻、眼子菜等。分布面积约92.79公顷。

图3-11 水葱

图3-12 藏北嵩草

(4)水毛花群系：该群系在墨脱、波密、察隅有分布，生于水沟、河岸边。盖度60%左右，高度在60厘米左右。常见有眼子菜、灯心草等伴生。在湿地中分布面积较小，与其他群系混生，面积较难统计。

(5)藏北嵩草群系：该群系为西藏自治区湿地常见群系之一。在藏北非盐渍化的湖泊、河流边缘低洼地段，以及山间盆地、冲积—洪积扇前缘的潜水溢出带和高山古冰斗形成的低洼地，几乎都有藏北嵩草沼泽化草甸分布(图3-12)。群落盖度50%~90%不等，高度10~30厘米。常见有藏北薹草、青藏薹草、喜马拉雅嵩草等伴生。分布面积约976351.67公顷。

(6)藏西嵩草群系：该群系在阿里地区西部、南部及雅鲁藏布江河源区河漫滩、淡水湖湖滨地带分布，成为这里特有的藏西嵩草沼泽化草甸。群落盖度85%~90%不等，高度20~25厘米。常见有喜马拉雅嵩草、波斯嵩草、长轴嵩草等伴生。分布面积约158523.49公顷。

(7)喜马拉雅嵩草群系：该群系在藏南和阿里地区南部的山地低洼湿处常呈片状分布。群落盖度70%~90%不等，高度5~20厘米。常见有藏北嵩草、尼泊尔嵩草、矮生嵩草等伴生。分布面积约3148.97公顷。

(8)四川嵩草：该群系在林芝、米林、朗县、隆子等地有分布，生长于山间盆地潮湿沼泽化草甸中。群落盖度在90%左右，高度5~10厘米。常见有康滇嵩草、画眉草、短柄剪股颖等伴生。在湿地中分布面积较小，与其他群系混生，面积较难统计。

(9)大花嵩草群系：该群系在西藏自治区广泛分布，多见于河漫滩及湖滨地带。盖度在70%左右，高度5~15厘米。常见有矮生嵩草、画眉草、水麦冬等伴生。分布面积约17184.46公顷。

(10)高山嵩草群系：该群系在西藏自治区广泛分布，多见于河滩及沼泽化草甸中。盖度50%~80%，高度5~10厘米。常见有矮生嵩草、日喀则嵩草、圆穗蓼、珠芽蓼等伴生。分布面积约6183.30公顷。

(11)矮生嵩草群系：该群系主要分布在拉萨河以东、念青唐古拉山以南地带。盖度40%~90%，高度5~8厘米。伴生植物主要有高山嵩草、喜马拉雅嵩草、圆穗蓼、珠芽蓼、高山唐松草等。分布面积约382公顷。

(12)西藏嵩草群系：该群系在定日、聂拉木、八宿、芒康有分布，生于河滩、湖边草甸中。盖度40%~90%，高度在30厘米左右。常见有华扁穗草、矮生嵩草、三裂碱毛茛等伴生。分布面积约254565.37公顷。

(13)扁穗草群系：该群系在西藏高原中、西部地区广泛分布，生长于河漫滩、湖滨或泉水漫溢处，常沿河、湖呈小片或条带、环带分布。盖度60%~90%，高度在10厘米左右。常见有矮藨草、青藏薹草、喜马拉雅嵩、三裂碱毛茛等伴生。分布面积约7321.22公顷。

(14)华扁穗草群系：该群系在藏北、藏南广泛分布，生长于河岸、沟渠边。盖度70%~80%，高度在10厘米左右。常见有扁穗草、矮藨草、水葫芦苗、喜马拉雅嵩草等伴生。分布面积约9689.34公顷。

(15)珠峰薹草群系：该群系在西藏自治区西部、中南部分布，生长于河滩、洪积扇、冰积平台上。盖度20%~40%，高度在10厘米左右。常见有青藏薹草、小嵩草、火绒草等伴生。在湿地中分布面积较小，与其他群系混生，面积较难统计。

(16)青藏薹草群系：该群系在西藏自治区中、西部，常以狭带状或环带状出现在湿润的河漫滩河滨。盖度30%~60%，高度15~20厘米。常见有垂穗披碱草、扁穗草、碱茅等伴生。分布面积约60531.67公顷。

(17)芒尖薹草群系：该群系分布于西藏自治区东部、东南部冰蚀地貌发育地区，生长于湖滨地带。盖度50%~70%，高度35~45厘米。常见有杉叶藻、眼子菜等伴生。分布面积约428.84公顷。

(18)坚果薹草群系：该群系在安多、班戈有分布，生长于湖滨、河滩等较低湿地带。盖度40%~90%，高度在2厘米左右。常见有杉叶藻、眼子菜等伴生。在湿地中分布面积较小，与其他群系混生，面积较难统计。

(19)白尖薹草群系：该群系分布于羌塘高原中、东部，生长于湖滨、河滩等较低湿地带。盖度40%~90%，高度在20厘米左右。常见有杉叶藻、眼子菜等伴生。在湿地中分布面积较小，与其他群系混生，面积较难统计。

(20)具槽秆荸荠群系：该群系在波密、林芝、拉萨、察雅、南木林有分布，生于水草地、水沟边、湖滨草地和水中(图3-13)。盖度60%左右，高度20厘米左右。常见有华扁穗草、薹草、灯心草等伴生。分布面积约16.60公顷。

图3-13　具槽秆荸荠

图3-14　芦苇(定吉县)

Ⅱ. 禾草型湿地植被型

(1)芦苇群系：该群系在拉萨、日喀则定日县、阿里日土县有分布。沿拉萨河阶地、藏西南沼泽湿地和班公错湖滨生长(图3-14)。总盖度70%~80%，高度1~2.5米。易形成单优群落。群落边缘常见菖蒲、蔗草等伴生。分布面积约627.69公顷。

(2)赖草群系：该群系在西藏自治区南部、羌塘高原中、南部地区和阿里地区常见。生长于河漫滩与湖滨的中、轻度盐渍化草甸土上。盖度只有25%~45%，高度30~40厘米。常见有碱茅、拂子茅、短芒大麦草伴生。分布面积约1220.11公顷。

(3)白草群系：该群系在雅鲁藏布江中游干、支流河滩地及两岸坡地有分布。盖度只有30%~40%，高度为15~25厘米。常见有固沙草、黄耆、委陵菜伴生。在湿地中分布面积较小，与其他群系混生，面积较难统计。

(4)芦竹群系：该群系分布在吉隆、波密、芒康海拔2000米左右地带，多生长于沟渠旁，易形成单优群落。盖度达60%以上，高度在2米左右。在湿地中分布面积较小，与其他群系混生，面积较难统计。

(5)类芦群系：该群系分布在吉隆海拔2400米以下的地带，生长于山谷溪流、河床、沟渠边。盖度达70%以上，高度为2~3米。常见嵩草、禾草等在群落边缘生长。在湿地中分布面积较小，与其他群系混生，面积较难统计。

(6)三角草群系：该群系在雅鲁藏布江上游河原地区、藏南西部湖盆、阿里地区南部和羌塘高原南部申扎、措勤等县的湖滨、河滩宽谷地带有分布。常形成草丛较高大的片斑状的草甸群落。盖度40%~70%，高度40~70厘米。常见有固沙草、青藏薹草、小叶棘豆等伴生。在湿地中分布面积较小，与其他群系混生，面积较难统计。

(7)水甜茅群系：该群系在察隅路边湿地及水边常见。盖度约50%左右，高度1米左右。常见伴生种有薹草、毛茛等。在湿地中分布面积较小，与其他群系混生，面积较难统计。

(8)喜马拉雅碱茅群系：该群系分布于羌塘高原中、南部，阿里地区和藏南湖盆区，生长于湖滨沼泽沙砾地、沟边河滩草地、沙地、泥地上。盖度40%左右，高度25厘米左右。常见伴生种有细叶西伯利亚蓼、赖草、海乳草等。在湿地中分布面积较小，与其他群系混生，面积较难统计。

(9)小碱茅群系：该群系分布于浪卡子、双湖，生长于湖滨沼泽沙砾地。盖度约30%，高度5厘米左右。常见伴生种有细叶西伯利亚蓼、赖草、海乳草等。在湿地中分布面积较小，与其他群系混生，面积较难统计。

(10)光稃碱茅群系：该群系分布于双湖、那曲，生于山沟湿地盐碱草地上。盖度40%左右，高度20厘米左右。常见伴生种有细叶西伯利亚蓼、赖草、海乳草等。在湿地中分布面积较小，与其他群系混生，面积较难统计。

(11)藏北碱茅群系：该群系分布于申扎县，生于盐湖边草地或沙地上。盖度40% 左右，高度45厘米左右。常见伴生种有西伯利亚蓼、赖草、海乳草等。在湿地中分布面积较小，与其他群系混生，面积较难统计。

Ⅲ. 杂类草湿地植被型

(1)杉叶藻群系：该群系在西藏自治区广泛分布，主要生长在池塘、沟渠、河流和湖泊的浅水水域(图3-15)。呈小块分布，盖度约40%~60%，高出水面约20厘米。常见眼子菜、薹草、芦苇等伴生。分布面积约395.67公顷。

图**3-15** 杉叶藻

(2)黑三棱群系：该群系在西藏拉萨有分布，生长于水沟、沼泽浅水中，易形成单优群落，盖度约70%，高度可达1.1米(图3-16)。常见伴生种有睡莲、杉叶藻、浮叶眼子菜等。分布面积约234.86公顷。

(3)短穗黑三棱群系：该群系在察隅县察瓦龙有分布，生长于水沟、沼泽浅水中，易形成单优群落。盖度约70%，高度可达58厘米。常见伴生种有异叶眼子菜等。在湿地中分布面积较小，与其他群系混生，面积较难统计。

图**3-16** 黑三棱

图**3-17** 宽叶香蒲

(4)宽叶香蒲群系：该群系在拉萨、察隅有分布，生长于沟渠、沼泽浅水区，易形成单优群落(图3-17)。盖度约70%，高度约1.4米。常见有眼子菜、睡莲、狐尾藻等伴生。分布面积约30.08公顷。

(5)灯心草群系：该群系在林芝、米林、波密、察隅、亚东、聂拉木有分布。多生于河边、沟渠静水区(图3-18)。盖度约60%。高度60~80厘米。常见有华扁穗草、杉叶藻等伴生。分布面积约15.60公顷。

(6)西南鸢尾群系：该群系在拉萨、山南湿地常见，主要生长于河湖岸边沼泽地。盖度约50%，高度2米左右(图3-19)。常见伴生种有菰、香蒲、芦苇等。在湿地中分布面积较小，与其他群系混生，面积较难统计。

图**3-18** 灯心草

图**3-19** 西南鸢尾

(7)酸模叶蓼群系：该群系在林芝、米林、拉萨、日喀则、南木林等地有分布，生长于河畔、田边低洼积水区。盖度在60%左右，高度40~60厘米。常见华扁穗草、肉果草、委陵菜等伴生。在湿地中分布面积较小，与其他群系混生，面积较难统计。

(8)海韭菜群系：该群系在西藏自治区广布，在湖边盐碱沼泽草地或河边、山沟潮湿草地及沼泽化草甸中常呈小块出现，盖度在30%左右，高度8~15厘米(图3-20)。常见水麦冬、西伯利亚蓼、薹草等伴生。在湿地中分布面积较小，与其他群系混生，面积较难统计。

(9)斑唇马先蒿群系：该群系在西藏自治区广布，出现在湖边、河滩地，面积很小。盖度60%~70%，高度约15厘米(图3-21)。以斑唇马先蒿为建群种，伴生植物主要有云生毛茛、水麦冬、展苞灯芯草、海韭菜等。分布面积约155.04公顷。

图**3-20** 海韭菜

图**3-21** 斑唇马先蒿(定吉县)

（10）蕨麻委陵菜群系：该群系在西藏自治区广布，在湖边、河滩和小地形微洼之地，以小斑片状或窄带状出现。盖度70%～90%，高度8～15厘米。蕨麻委陵菜是一种湿中生匍匐草本植物，伴生植物常见的有扁穗草、华扁穗草、喜马拉雅嵩草、蓝白龙胆、三裂碱毛茛等。在盐渍化土壤上还渗入少量的海乳草、细叶西伯利亚蓼、角果碱蓬。在湿地中分布面积较小，与其他群系混生，面积较难统计。

（11）细叶西伯利亚蓼群系：该群系在江孜、康马、仁布、萨迦、吉隆、措勤、申扎、班戈、双湖、普兰、葛尔、日土等地有分布，常在湖滨、河畔盐渍化的土壤上，沿水体呈环带状或条带状分布，群落面积不大。盖度为5%～15%，高5厘米左右。伴生植物不多，常见有海乳草、角果碱蓬、碱茅、水麦冬等。分布面积约19702公顷。

图3-22 巨伞钟报春

（12）巨伞钟报春群系：该群系在西藏自治区东南部有分布，在林缘湿草地、沼泽地分布，群落面积不大。盖度为60%，高60厘米左右（图3-22）。伴生植物常见有柳叶菜、嵩草、毛茛等。在湿地中分布面积较小，与其他群系混生，面积较难统计。

（13）节节草群系：该群系在西藏自治区东部、东南部有分布，在河滩、沼泽地分布，群落面积不大。盖度为50%，高25厘米左右。伴生植物常见有薹草、嵩草、毛茛等。在湿地中分布面积较小，与其他群系混生，面积较难统计。

1.8.5 浅水植物湿地植被型组

I. 漂浮植物型

（1）满江红群系：该群系在林芝有分布，主要发育于水面平静的池塘，易形成单优群落（图3-23）。盖度近100%。在湿地中分布面积较小，与其他群系混生，面积较难统计。

（2）浮萍群系：该群系在拉萨、林芝、山南有分布，主要生长于池塘、沼泽静水区，呈小片分布（图3-24）。易形成单优群落。盖度可近60%。在湿地中分布面积较小，与其他群系混生，面积较难统计。

图3-23 满江红

图3-24 浮萍（林芝县）

(3)稀脉浮萍群系：该群系在米林、林芝有分布，主要发育于沼泽积水区，呈小片分布，易形成单优群落。盖度约40%。在湿地中分布面积较小，与其他群系混生，面积较难统计。

(4)芜萍群系：该群系分布于察隅县察瓦龙，主要发育于较为平静的水体，易形成单优群落，盖度可达60%以上。在湿地中分布面积较小，与其他群系混生，面积较难统计。

(5)大藻群系：该群系在墨脱、察隅，海拔800米以下的热带水塘、水池和水田中有分布。易形成单优群落。盖度可达50%。在湿地中分布面积较小，与其他群系混生，面积较难统计。

Ⅱ. 浮叶植物型

(1)睡莲群系：该群系在拉萨、米林有分布，主要生长在湖泊、河流静水水域。盖度可达70%以上(图3-25)。主要伴生种有浮叶眼子菜、杉叶藻等。在湿地中分布面积较小，与其他群系混生，面积较难统计。

图 **3-25** 睡莲(定吉县)

(2)浮叶眼子菜群系：该群系在拉萨、林芝、日喀则有分布，主要生长在湖泊、河流静水水域。盖度可达70%以上。主要伴生种有浮叶眼子菜、杉叶藻等。在湿地中分布面积较小，与其他群系混生，面积较难统计。

Ⅲ. 沉水植物型

(1)红线草群系：该群系在西藏自治区中、西部有分布，生长于河流、湖泊浅水水域(图3-26)。盖度40%~60%。常见伴生种有菹草、小茨藻等。分布面积约15.39公顷。

(2)穗状狐尾藻群系：该群系在西藏自治区中、西部分布，生长于沼池、湖泊和沟渠中。常见呈单优群落，盖度可达40%。分布面积约11.70公顷。

(3)狐尾藻群系：该群系在西藏自治区北部部分湖泊、河流中有分布(图3-27)。常见呈单优群落，盖度可达30%。在湿地中分布面积较小，与其他群系混生，面积较难统计。

图 **3-26** 红线草

图 **3-27** 狐尾藻

(4)菹草群系：该群系分布在西藏自治区中、南部，生长于沟渠、河流浅水水域中。盖度50%~70%。常见伴生种有黑藻、杉叶藻等。在湿地中分布面积较小，与其他群系混生，面积较难统计。

第二节
湿地动物资源

湿地野生动物是湿地环境中一切野生动物的总体，既包括湿地中的典型湿地动物，也包括由边缘带渗入到湿地中的草原、森林和农田的动物。野生动物是湿地生物多样性的重要组成部分，是国家的重要资源。湿地独特的生态环境，为很多野生动物种类提供了栖息繁衍的家园。西藏自治区丰富的湖泊、河流、沼泽湿地是众多野生动物，特别是鱼类、两栖类、爬行类、水禽类的理想栖息繁衍场所。湿地野生动物在西藏自治区野生动物资源中占很大的比例。

1 西藏湿地野生动物种类和特点

1.1 种类组成

调查表明，西藏自治区湿地脊椎动物有360种，隶属于5纲22目56科。其中，鱼纲3目5科71种；两栖纲2目6科45种；爬行纲1目8科55种；鸟纲8目16科57种；哺乳纲8目21科132种。

1.2 湿地野生动物资源特点

1.2.1 湿地野生动物资源丰富

西藏自治区湿地脊椎动物与西藏脊椎动物物种组成情况及对比见表3-2。西藏湿地脊椎动物目、科、种分别占西藏脊椎动物目、科、种总数的64.70%、55.40%和44.60%。其中，湿地鱼类、两栖类、爬行类种类数占西藏总种类数的100%；鸟类占11.60%；哺乳类占91%。由此可见，湿地是西藏野生脊椎动物分布最集中的地方之一，保护湿地对于维护西藏生物多样性具有重要意义。

表3-2 西藏自治区湿地脊椎动物基本情况

类 别	西藏自治区湿地脊椎动物(个)			西藏自治区脊椎动物(个)			湿地脊椎动物占同类物种比例(%)		
	目	科	种	目	科	种	目	科	种
鱼 类	3	5	71	3	5	71	100.00	100.00	100.00
两栖类	2	6	45	2	6	45	100.00	100.00	100.00
爬行类	1	8	55	1	8	55	100.00	100.00	100.00
鸟 类	8	16	57	19	59	492	42.11	27.12	11.59
哺乳类	8	21	132	9	23	145	88.89	91.30	91.03
合 计	22	56	360	34	101	808	64.71	55.45	44.55

1.2.2 珍稀保护物种所占比例高

在57种湿地鸟类中，属于国家重点保护的鸟类有9种，其中国家Ⅰ级保护鸟类4种，分别是黑颈鹤、白鹳、黑鹳、长脚秧鸡等；国家Ⅱ级保护鸟类5种，分别是彩鹳、白琵鹭、白额雁、蓑羽鹤、棕背田鸡等。属于西藏自治区重点保护鸟类有10种，其中自治区Ⅰ级保护鸟类4种，分别是黑颈鹤、白鹳、黑鹳、长脚秧鸡；自治区Ⅱ级保护鸟类6种，分别是彩鹳、白琵鹭、斑头雁、白额雁、蓑羽鹤、棕背田鸡。列入《CITES公约》附录Ⅰ的有黑颈鹤1种，附录Ⅱ的有黑鹳1种。

栖息于河流湿地的亚东鲑、西藏墨头鱼、短须裂腹鱼、尖裸鲤、黑斑原鮡等71种鱼类，约占我国整个青藏高原鱼类的63%以上（图3-28～图3-31）。属于西藏自治区重点保护的有6种，其中Ⅰ级保护鱼类2种，分别为平鳍裸吻鱼、尖裸鲤；Ⅱ级保护种类4种，分别是亚东鲑、墨脱华鲮、锥吻叶须鱼、平唇鮡等。

图3-28 亚东鲑

图3-29 西藏墨头鱼

图3-30 高原裸鲤

图3-31 高原裸鲤（加查崔久）

在132种湿地哺乳类中，国家重点保护野生动物38种，其中国家Ⅰ级保护野生动物16种，分别是熊猴、豚尾猴、云豹、金钱豹、虎、雪豹、西藏野驴、野牦牛、马麝、林麝、黑（褐）麝、喜马拉雅麝、白唇鹿（图3-32）、藏羚、扭角羚（羚牛）、赤斑羚等。国家Ⅱ级保护野生动物22种，分别是猕猴、藏酋猴、豺、棕熊、黑熊、小熊猫、石貂、黄喉貂、水獭（图3-33）、小爪水獭、大灵猫、小灵猫、斑林狸、丛林猫、兔狲（图3-34）、金猫、猞猁、马鹿、藏原羚、鬣羚（苏门羚）、斑羚、岩羊（图3-35）等。属于西藏自治区重点保护的47种，其中自治区Ⅰ级保护动物17种，分别是熊猴、豚尾猴、云豹、金钱豹、虎、雪豹、猞猁、西藏野驴、野牦牛、白唇鹿、藏羚、扭角羚、赤斑羚、马麝、林麝、黑（褐）麝、喜马拉雅麝等；自治区Ⅱ级保护动物30种，分别是猕猴、藏酋猴、赤狐、藏狐、香鼬、艾虎、沙狐、豺、棕熊、黑熊、小熊猫、石貂、黄喉貂、黄鼬、水獭、小爪水獭、大灵猫、小灵猫、斑林狸、丛林猫、兔狲、金猫、猞猁、马鹿、赤麂、毛冠鹿、藏原羚、鬣羚（苏门羚）、斑羚、岩羊等。列入《CITES公约》附录Ⅰ的有棕熊、黑熊、水獭、斑林狸、金猫、云豹、虎、雪豹、野牦牛、斑羚、赤斑羚、藏羚；列入《CITES公约》附录Ⅱ的有猕猴、熊猴、豚尾猴、藏酋猴、狼、豺、丛林猫、兔狲、石纹猫、猞猁、豹猫、金钱豹、西藏野驴、马麝、林麝、黑（褐）麝、喜马拉雅麝、扭角羚等18种；列入《CITES公约》附录Ⅲ的有2种，即果子狸和赤狐。

图 **3-32** 白唇鹿

图 **3-33** 水獭

图 **3-34** 兔狲 （郭亮摄）

图 **3-35** 岩羊(加查)

在45种两栖动物中，国家和西藏自治区Ⅱ级保护动物有红瘰疣螈、西藏山溪鲵(图3-36)2种。

在55种湿地爬行动物中，国家和西藏自治区Ⅰ级保护动物有蟒蛇1种。西藏自治区Ⅱ级保护动物有细脆蛇蜥1种。列入《CITES公约》附录Ⅱ的有2种，即蟒蛇和眼镜王蛇孟加拉亚种。

1.2.3 “三有动物”所占比例高

“三有动物”是指有益的和有重要经济、科学研究价值的陆生野生动物。

在57种湿地鸟类中，“三有动物”有42种，即小䴙䴘、凤头䴙䴘、普通鸬鹚、苍鹭、池鹭、牛背鹭、大白鹭、斑头雁、赤麻鸭、翘鼻麻鸭、针尾鸭、绿翅鸭、绿头鸭、斑嘴鸭、赤膀鸭、赤颈鸭、琵嘴鸭、赤嘴潜鸭、红头潜鸭、白眼潜鸭、鹊鸭、凤头潜鸭、普通秋沙鸭、黑水鸡、彩鹬、蛎鹬、金眶鸻、蒙古沙鸻、白腰杓鹬、红脚鹬、青脚鹬、白腰草鹬、矶鹬、孤沙锥、针尾沙锥、大沙锥、灰瓣蹼鹬、渔鸥、红嘴鸥、棕头鸥、普通燕鸥、普通翠鸟等。

在45种湿地两栖动物中，“三有动物”有24种，西藏齿突蟾、花齿突蟾、刺胸齿突蟾、林芝齿突蟾、锡金齿突蟾、肯氏角蟾、小角蟾、峨眉角蟾墨脱亚种、凸肛角蟾、喜山蟾蜍、西藏蟾蜍、圆疣蟾蜍、绿蟾蜍、错那棘蛙、泽蛙、西域湍蛙、山湍蛙、北小岩蛙、双斑树蛙、红蹼树蛙、横纹树蛙、疣足树蛙、白斑小树蛙、墨脱小树蛙。

在55种湿地爬行动物中，“三有动物”有43种，即绿背树蜥、斑飞蜥、长肢龙蜥、草绿龙蜥、喜山龙蜥、异鳞蜥、红尾沙蜥、西藏沙蜥、喉褶蜥、西藏裸趾虎、卡西裸趾虎、蝎虎、喜山滑蜥、拉达克滑蜥、锡金滑蜥、细脆蛇蜥、喜山钝头蛇、珠光蛇、南峰锦蛇、玉斑锦蛇、紫灰锦蛇指名亚种、黑眉锦蛇、滑鳞蛇、喜山小头蛇、黑带小头蛇、斜鳞蛇指名亚种、喜山颈槽蛇、缅甸颈槽蛇、黑领剑蛇、温泉蛇(图 3-37)、山坭蛇、小头坭蛇、渔游蛇、黑线乌梢蛇、紫沙蛇、丽纹蛇脊纹亚种、眼镜蛇孟加拉亚种、眼镜王蛇、白头蝰、高原蝮、墨脱竹叶青、山烙铁头察隅亚钟、西藏竹叶青等。

图 **3-36** 西藏山溪鲵

图 **3-37** 温泉蛇

在 132 种湿地哺乳动物中,“三有动物”有 21 种,即狼、藏狐、沙狐、赤狐、黄鼬、狗獾、猪獾、果子狸、豹猫、野猪、赤麂、毛冠鹿、小鼯鼠、灰鼯鼠、蓝腹松鼠、明纹花松鼠、隐纹花松鼠、珀氏长吻鼠、橙腹长吻松鼠、豪猪、社鼠等。

2 西藏湿地脊椎动物区系成分

全世界动物区系分为 6 个界,中国横跨古北界和东洋界。按照张荣祖的动物地理区划理论,中国又分为 3 亚界 7 区 19 亚区。西藏自治区位于古北界和东洋界,青藏区和西南区。由于全区的地理位置和特有的自然环境,形成了特殊的区系结构。区系分布特点如下:

2.1 湿地动物资源较丰富

西藏自治区湿地面积大、类型多,大小不等的高原湖泊、河流湿地遍布。加之,地处我国的西南边缘,区域横跨羌塘高原亚区、青海藏南亚区、喜马拉雅亚区 3 个亚区。由于这样的环境条件,使得西藏自治区的湿地脊椎动物数量多,比例大。西藏的脊椎动物中湿地动物种类就占 45%,就是与全国的脊椎动物相比,也占有一定比重。西藏的湿地脊椎动物占全国所有脊椎动物种类的 6%。目前所发现的湿地脊椎动物的目数、科数和种数分别占西藏以及全国所有脊椎动物目数、科数、种数的比例见表 3-3。

表 3-3 西藏自治区湿地脊椎动物数量及其所占的比重

项 目	目 数	科 数	种 数
湿地脊椎动物数量(个)	22	56	360
与西藏脊椎动物的比例(%)	65	55	45
与全国脊椎动物的比例(%)	29	13	6

2.2　特有种或特有分布种丰富

西藏自治区湿地野生动物特有种丰富。全区湿地野生动物在我国野生动物分布上很多种类属于仅有分布或属于特有种，特化类群占有优势。就鱼类而言，如亚东鲑，虽为国外引进种，但在我国仅分布西藏自治区境内亚东河；平鳍裸吻鱼，仅见于雅鲁藏布江下游；墨脱四须鲃，仅见于雅鲁藏布江下游干支流；异齿裂腹鱼，仅见于雅鲁藏布江的中、上游及其支流；巨须裂腹鱼，仅见于西藏雅鲁藏布江中游的干流及其支流；拉萨裂腹鱼，仅见于雅鲁藏布江中游及其支流；黑斑裂腹鱼，仅见于墨脱县的西公湖及其入湖河流；双须叶须鱼，仅见于雅鲁藏布江中游及其支流；兰格湖裸鲤，仅见于拉孜县兰格湖，另外产于阿里公珠错(湖)等地的为长颌亚种；硬刺裸鲤，仅见于拉孜县兰格湖(错)；姚氏高原鳅，仅见于西藏境内的金沙江；阿里高原鳅，仅见于阿里地区的象泉河和狮泉河；墨脱纹胸鮡，仅见于雅鲁藏布江下游的墨脱等地；平唇鮡，仅见于西藏的雅鲁藏布江下游支流；尖裸鲤，仅见于雅鲁藏布江中游干、支流等。

就两栖类而言，如西藏山溪鲵，仅见于江达县；花齿突蟾，仅见于江达县；林芝齿突蟾，仅见于林芝、波密、米林、朗县、亚东县等；峨眉角蟾墨脱亚种，仅见于墨脱；绿蟾蜍，仅见于扎达县底雅区；错那棘蛙，仅见于错那县麻麻沟；西藏扁手蛙，仅见于波密易贡、墨脱境内；锯腿树蛙，仅见于墨脱等。

就爬行类而言，南亚鬣蜥，仅见于吉隆；长肢龙蜥，仅分布于墨脱；喜山龙蜥，仅分布于聂拉木；红尾沙蜥，仅分布于西藏北部，阿里、那曲地区；墨脱竹叶青，仅见于墨脱、林芝排隆；山烙铁头察隅亚种，仅见于察隅、墨脱；西藏竹叶青，仅见于聂拉木、墨脱等。

就鸟类而言，大部分是青藏高原特有种或特有分布种，多为候鸟。

就兽类而言，球果蝠，仅分布于墨脱县；鲁氏菊头蝠，仅分布于樟木口岸一带；角菊头蝠，仅分布于墨脱县；皮氏菊头蝠，仅分布于墨脱县等。

3　湿地鸟类

3.1　种类和分布

西藏自治区湿地鸟类共有57种，隶属于8目16科，其中雁形目种类最多，各目鸟类数及其所占比例见表3-4。在这57种湿地鸟类中，属于国家重点保护的鸟类有9种，其中国家Ⅰ级保护鸟类4种，国家Ⅱ级保护鸟类5种。

表3-4　西藏自治区湿地鸟类种类基本情况

目	科数(个)	物种数(个)	物种所占比例(%)
1. 䴙䴘目 Podicipediformes	1	2	3.51
2. 鹈形目 Pelecaniformes	1	1	1.75
3. 鹳形目 Ciconniformes	3	8	14.05
4. 雁形目 Anseriformes	1	17	29.82
5. 鹤形目 Gruiformes	2	7	12.28

（续）

目	科数(个)	物种数(个)	物种所占比例(%)
6. 鸻形目 CharadrIIformes	6	17	29.82
7. 鸥形目 Lariformes	1	4	7.02
8. 佛法僧目 Coraciformes	1	1	1.75
合 计	16	57	100

（1）䴙䴘目：䴙䴘目有1科2种，即䴙䴘科的小䴙䴘与凤头䴙䴘（图3-38），见于西藏大部分水域之中。

（2）鹈形目：鹈形目仅有鸬鹚科的1种，即普通鸬鹚（图3-39），夏季到西北和北部繁殖，冬季到东部、南部越冬。

图 **3-38** 凤头䴙䴘

图 **3-39** 普通鸬鹚

（3）鹳形目：鹳形目有3科8种，包括鹭科的苍鹭、池鹭、牛背鹭（图3-40）、大白鹭；鹳科的彩鹳、白鹳、黑鹳；鹮科的白琵鹭。

图 **3-40** 牛背鹭（拉鲁湿地）

（4）雁形目：雁形目仅有鸭科1个科，17种，包括白额雁、斑头雁、赤麻鸭、翘鼻麻鸭、针尾鸭、绿翅鸭、绿头鸭、斑嘴鸭、赤膀鸭、赤颈鸭、琵嘴鸭、赤嘴潜鸭、红头潜鸭、白眼潜鸭、鹊鸭、凤头潜鸭、普通秋沙鸭等（图3-41～图3-46）。

图 3-41 斑头雁、赤膀鸭与赤麻鸭

图 3-42 斑头雁（申扎）

图 3-43 秋沙鸭（雌）（林周）

图 3-44 秋沙鸭（雄）（林周）

图 3-45 赤嘴潜鸭（班公湖）

图 3-46 大天鹅（申扎）

（5）鹤形目：鹤形目有 2 科 7 种，其中鹤科 3 种，即灰鹤、黑颈鹤（图 3-47、图 3-48）、蓑羽鹤；秧鸡科 4 种，即长脚秧鸡、棕背田鸡、黑水鸡和白骨顶等，在野外较为常见。

（6）鸻形目：鸻形目有 6 科 17 种，其中，彩鹬科 1 种，彩鹬；蛎鹬科 1 种，蛎鹬；鸻科 2 种，金眶鸻和蒙古沙鸻（图 3-49）；鹬科有 11 种，白腰杓鹬、红腰杓鹬、红脚鹬（图 3-50）、青脚鹬、白腰草鹬、矶鹬、孤沙锥、针尾沙锥、大沙锥、丘鹬、乌脚滨鹬等；反嘴鹬科有 1 种，鹮嘴鹬；瓣蹼鹬科 1 种，灰瓣蹼鹬。

（7）鸥形目：鸥形目仅有鸥科 1 科 4 种，为渔鸥、红嘴鸥、棕头鸥、普通燕鸥等（图 3-51、图 3-52）。

(8)佛法僧目：佛法僧目有1科1种，即翠鸟科的普通翠鸟。

图3-47 黑骨顶一家

图3-48 黑颈鹤

图3-49 蒙古沙鸻(申扎)

图3-50 红脚鹬

图3-51 普通燕鸥(平措摄)

图3-52 棕头鸥(羊卓雍错)

3.2 数量状况

3.2.1 国家重点保护鸟类的数量状况

根据历史调查记录，西藏自治区湿地共有4种国家Ⅰ级保护鸟类，包括白鹳、黑鹳、黑颈鹤、长脚秧鸡。此次调查记录有3种，分别为白鹳、黑鹳、黑颈鹤，其中以黑颈鹤居多。

根据历史调查记录，全区湿地共有5种国家Ⅱ级保护鸟类。包括彩鹳、白额雁、蓑羽鹤、白琵鹭、棕背田鸡。此次调查记录有5种，其中以白额雁和白琵鹭数量稍多。

3.2.2 非国家重点保护湿地鸟类状况

在区内非国家重点保护湿地鸟类中，雁形目鸟类的数量较多，其中赤麻鸭、斑头雁、绿头鸭等鸟类占较大的比例。冬候鸟中以鸭科鸟类占优势。

本次调查由于时间较短，发现的鸟类种类和数量有限，且重点保护鸟类发现较少，多为较常见鸟类。

3.3 栖息地及其保护状况

西藏自治区湿地鸟类资源丰富，而且国家重点保护或珍稀濒危鸟类较多，主要栖息地分布于全区的湖泊湿地与河流湿地区。

目前已建立的麦地卡、玛旁雍错湿地自然保护区(均为国际重要湿地)、雅鲁藏布江中游河谷黑颈鹤国家级自然保护区、雅鲁藏布大峡谷国家级自然保护区、羌塘国家级自然保护区、拉鲁湿地国家级自然保护区、察隅慈巴沟国家级自然保护区、类乌齐马鹿国家级自然保护区、纳木错区级自然保护区、班公错区级自然保护区、然乌湖区级自然保护区、桑桑湿地区级自然保护区等，使湿地得到了有效保护，保护了全区典型的湿地植被演替过程和典型植被，支持了丰富的鸟类生物多样性，是湖泊、与河流和沼泽湿地带鸟类资源最集中分布的区域。

目前在鸟类保护上存在以下问题：①因沼泽草甸过度放牧造成湿地退化等因素，湿地鸟类栖息地面积减少。②环境污染严重造成栖息地质量下降。随着湿地周边地区工农业的不合理布局与发展，污水及噪音逐年增加，鸟类栖息地生态质量下降，同时由于污染造成的湿地鸟类食物的变化也势必造成湿地鸟类种类和数量的波动。③近年来，受经济利益驱动，外来偷捕偷猎和捡拾鸟蛋现象时有发生，威胁鸟类生存。

4 鱼　类

4.1 种类和主要分布

西藏自治区湖泊和河流较多，适于鱼类的栖息，但由于水温较低，生长较慢。全区境内河流纵横，湖泊密布，湖荡水面广阔，鱼类资源丰富(图3-53)，共有鱼类71种，约占全国鱼类总数4621种的1.54%，分属于3目5科。

湿地鱼类具重要经济价值的计3目5科71种，占本区鱼类总数的100%。其中鲤形目种类最多，达59种，绝大部分为淡水鱼类，大多数具一定的经济价值；鲶形目次之，有11种；鲑形目占第三，仅有1种。

图3-53　色林错鱼群

4.1.1 鱼类区系组成及其特点

根据西藏自治区鱼类调查，并结合前人的研究结果分析，鱼类有71种，分属于3目5科4个亚科22个属，约占我国整个青藏高原鱼类92个种和20个亚种的63%以上。

鱼类区系基本上由3个大的类群组成，即：鲤形目鲤科的裂腹鱼亚科、鳅科的条鳅亚科和鲶形目的鮡科。其中裂腹鱼亚科有31

个种和8个亚种，占西藏自治区鱼类总数的54.93%，它包括了我国已知裂腹鱼11个属中的7个属；条鳅亚科16个种，占22.54%；鲱科11个种，占15.49%。这3个类群合计占了西藏自治区整个鱼类的93%以上，其他类群只有7个种，所占比例较少，仅为9.86%。就裂腹鱼类来说，不论在种类还是数量上都占有绝对优势，这与整个青藏高原的鱼类区系特点相一致，只是这里的鱼类区系组成表现得更加单纯。

4.1.2 各水系鱼类组成及其特点

西藏自治区有金沙江、澜沧江、怒江、伊洛瓦底江、雅鲁藏布江、印度河等诸多亚洲乃至世界著名的外流水系，以及大量内流湖泊。

(1)金沙江：主要指金沙江西藏段干流及西侧支流，鱼类中除小头高原鱼见于青海境内长江源头内外流体外，与青海境内江段区系成分基本相同，共有12个种。多为裂腹鱼类和高原鳅类，区系成分较为简单。原始的裂腹鱼属占的比例较大，有4个种；特化类群裸裂尻鱼属2个种；中间类群的裸腹叶须鱼1个种；高原鳅属4个种。

(2)澜沧江：澜沧江在西藏自治区区境内江段，共有7个种，区系成分简单。仍以裂腹鱼类为主，有3个种；叶须鱼属1个种；高原鳅属2个种；鲱科1个种，为该区所特有。

(3)怒江：怒江在西藏自治区境内全部为上游江段，有鱼类13个种。有澜沧裂腹鱼、怒江裂腹鱼、双须叶须鱼和裸吻叶须鱼等原始和中间类群；特化类群为热裸裂尻鱼，高原鳅属有7个种，鲱科2个种。

(4)伊洛瓦底江：伊洛瓦底江在西藏自治区境内仅为该水系的源头地区，流域面积很小，区系成分单一，仅有墨脱裂腹鱼1种。

(5)雅鲁藏布江：雅鲁藏布江下游有鱼类15种。有全唇裂腹鱼、弧唇裂腹鱼、墨脱裂腹鱼(图3-54)等原始类群，条鳅类有墨脱阿波鳅和浅棕条鳅；还有鲃亚科的墨脱四须鲃和野鲮亚科的墨脱华鲮；还有裸吻鱼科的平鳍裸吻鱼；鲱科有6个属8个种。雅江中上游及其毗邻水系有19个种和9个亚种。裂腹鱼类10个种；原始类群裂腹鱼属3个种；中间类群的叶须鱼属1个种；裸鲤属、尖裸鲤属、裸裂尻鱼属等共6个种；高原鳅类7个种；鲱科1个种。

图3-54 墨脱裂腹鱼(程斌摄)

(6)印度河—藏西内流水系：指印度河上游及班公错和公珠错—玛法木错—拉昂错等内流水系。鱼类共有12个种，由裂腹鱼属、叶须鱼属、重唇鱼属、裸鲤属和裸裂尻鱼属各1个种，高原鳅属7个种。阿里高原鳅和窄尾高原鳅为该处所特有。

(7)藏中内流水系：包括冈底斯山—念青唐古拉山以北，怒江源头分水岭以西，喀喇昆仑山—唐古拉山以南，印度河—藏西内流水系以东的水系。该区鱼类成分十分简单，由纳木错裸鲤、小头高原鱼及高原鳅类的7个种组成。

(8)藏北内流水系：包括昆仑山以南，唐古拉山以北，东至青海—西藏分界处，西达印度河—藏西内流水系以东的水系。有少量的高原鳅类分布。

5 两栖类、爬行类、哺乳类

5.1 湿地两栖动物

5.1.1 湿地两栖动物种类

西藏自治区湿地自然分布的两栖动物共45种，分属有尾目和无尾目，共6科。在这45种湿地两栖动物中，有尾目有2科2种，为小鲵科的西藏山溪鲵和蝾螈科的红瘰疣螈占湿地两栖动物种数总数的4.44%。无尾目种类4科43种，占湿地两栖动物种数总数的95.56%（图3-55～图3-58）。在4个科中，树蛙科的种类最多，有16种，占湿地两栖动物种类总数的35.56%；蛙科的种类次之，有13种；锄足蟾科有9种；蟾蜍科有5种。

图3-55 墨脱棘蛙（程斌摄）

图3-56 白颌大树蛙

图3-57 高山蛙

图3-58 锯腿树蛙（墨脱）

图3-59 墨脱湍蛙

图3-60 西藏齿突蟾

5.1.2 湿地两栖动物的分布

有尾目主要分布于北温带。小鲵科的西藏山溪鲵仅分布于江达、贡觉、芒康等金沙江西岸三县；蝾螈科的红瘰疣螈分布在西藏自治区的下察隅、门隅、珞隅地区。

无尾目的双斑树蛙，分布于西藏自治区门隅、珞隅林区；白颌大树蛙，分布于西藏墨脱和门隅、珞隅林区；仁更小树蛙，仅见于西藏自治区门隅地区的仁更等地；粗皮小树蛙，分布于西藏自治区门隅地区；吻树蛙，分布于西藏自治区门隅林区；蛙科的有错那棘蛙，仅见于错那县麻麻沟；小耳蛙，西藏仅分布于下察隅、门隅、珞隅林区；棘臂蛙，分布于亚东、聂拉木、吉隆等地；花棘蛙察隅亚种，分布于察隅、墨脱等地；中国林蛙，分布于昌都地区各县；亚东蛙，分布于聂拉木、亚东、吉隆、定日、定结等地；高山蛙，分布于昌都地区、林芝地区、山南地区、拉萨市、日喀则地区各县和那曲地区的东部各县和申扎县，阿里地区的西部；山湍蛙，在西藏自治区仅见于波密、察隅、林芝、墨脱和错那县等地；网纹扁手蛙，在西藏自治区仅见墨脱境内；西藏扁手蛙，仅见于波密易贡、墨脱境内；北小岩蛙，分布于西藏自治区的门隅、珞隅林下；泽蛙，据报道分布在西藏治区罗龙；西域湍蛙，据报道分布在西藏自治区的延邦。

锄足蟾科有西藏齿突蟾，分布在昌都地区、林芝地区、山南地区、拉萨市、日喀则地区各县。花齿突蟾，仅见于江达县；刺胸齿突蟾，分布于昌都地区各县和察隅县；林芝齿突蟾，仅见于林芝、波密、米林、朗县、亚东；锡金齿突蟾，分布于错那、亚东、聂拉木等地；小角蟾，在西藏自治区仅见于樟木口岸；峨眉角蟾墨脱亚种，仅见于墨脱；凸肛角蟾，西藏仅见于墨脱。

蟾蜍科有降枕蟾蜍，分布于察隅、墨脱；喜山蟾蜍，在西藏仅见于聂拉木、吉隆；西藏蟾蜍，分布于江达、芒康、昌都、类乌齐、八宿、波密等地；圆疣蟾蜍，在西藏仅见于芒康县盐井；绿蟾蜍，仅见于扎达县底雅区。

5.2 湿地爬行动物

5.2.1 湿地爬行动物种类与分布

西藏自治区境内已知的爬行动物共55种，其中在湿地有分布的55种，占全自治区爬行动物种数的100%。西藏境内湿地分布的爬行动物隶属于1目8科，均为有鳞目种类，其中属于蜥蜴亚目的有4科22种，属于蛇亚目的有4科33种。在8个科中，以游蛇科的种类最多，共23种，占湿地爬行动物的41.82%；其次是鬣蜥科有12种，占湿地爬行动物总种数的21.82%；石龙子科6种，占湿地爬行动物总种数的10.91%；蝰科有6种，占湿地爬行动物总种数的10.91%；壁虎科和眼镜蛇科各3种；蛇蜥科1种；蟒科1种。

有鳞目蜥蜴亚目在区内湿地有4个科。鬣蜥科、壁虎科、石龙子科、蛇蜥科。鬣蜥科广泛分布于旧大陆，以东洋界为主。我国已知10属46种，其中西藏有7属12种。壁虎科广泛分布于各大洲的热带及温带地区。我国已知的有9属22种，其中3属3种分布西藏。石龙子科，我国有8属32种，西藏分布有2属6种。蛇蜥科我国1属3种，西藏分布1种。

西藏蛇亚目有4个科，已知的有33种，如卡西腹链蛇、平头腹链蛇、喜山过树蛇、南峰锦蛇、玉斑锦蛇、紫灰锦蛇指名亚种、黑眉锦蛇、滑鳞蛇、喜山小头蛇、黑带小头蛇、斜鳞蛇指名亚种、喜山颈槽蛇、缅甸颈槽蛇、黑领剑蛇、温泉蛇、山坭蛇、小头坭蛇、渔游蛇、黑线乌梢蛇、绿瘦蛇、紫沙蛇、丽纹蛇脊纹亚种等。其中，游蛇科的种类最多，为23种；其他科的种类较少。

5.3 湿地哺乳类

5.3.1 湿地哺乳动物种类与分布

已知分布在西藏自治区的哺乳动物有145种，分属食肉目、翼手目等9个目23科，其中在湿地有分布的132种，隶属于8个目21科。在这8个目中，啮齿目有39种，占湿地哺乳动物的29.55%；食肉目32种，占湿地哺乳动物的24.24%；其次是翼手目17种，偶蹄目17种，食虫目12种，兔形目10种，灵长目4种，奇蹄目1种。在21个科中，以鼠科的种类最多，有15种，占湿地哺乳动物的11.36%。

西藏自治区湿地哺乳动物中属国家重点保护的种类亦较多，其中国家Ⅰ级重点保护物种15种，为熊猴、豚尾猴、云豹、金钱豹、虎、雪豹、西藏野驴、马麝、林麝等；国家Ⅱ级保护动物22种，为猕猴、藏酋猴、豺、棕熊、黑熊、小熊猫、石貂、水獭、小灵猫、兔狲等。

(1)食虫目：食虫目鼩鼱科多分布在西藏东南部，温暖带和亚热带至热带地区。在社会经济发展中，为农林业生产中的重要益兽。

(2)翼手目：翼手目蝙蝠科的种类很多，湿地已知有分布的17种。主要分布在西藏自治区东南部，温暖带和亚热带至热带地区。以蚊类及其他昆虫为食。

(3)兔形目：兔形目有10种，包括鼠兔科和兔科，在西藏分布较广，且适应性强，绝大部分对农、牧、林业生产有危害，许多种又是自然疫病原体天然携带者。但它们也是生物多样性和动物生态食物链中必不可少的物种，也可传播林木种子。

(4)啮齿目：啮齿目有39种，在西藏分布较广，且适应性强，绝大部分对农、牧、林业生产有危害，许多种又是自然疫病原体天然携带者。但它们也是生物多样性和动物生态食物链中必不可少的物种，也可传播林木种子。

(5)食肉目：食肉目有6科32种。其中，鼬科有9种，包括石貂、黄喉貂、香鼬、艾虎、黄鼬、狗獾、猪獾、水獭、小爪水獭等，全部为国家Ⅱ级保护动物。犬科有5种，包括赤狐、狼、豺、沙狐、藏狐。灵猫科5种，为大灵猫、斑林狸、短尾狸花面狸和小灵猫等，其中斑林狸、大灵猫和小灵猫是国家Ⅱ级保护动物。猫科10种，分别为丛林猫、兔狲、石纹猫、金猫、豹猫、猞猁、云豹、金钱豹、虎、雪豹。其中，云豹、金钱豹、虎、雪豹是国家Ⅰ级保护动物，丛林猫、兔狲、金猫、猞猁是国家Ⅱ级保护动物。熊科2种，棕熊和黑熊，全部为国家Ⅱ级保护动物。浣熊科1种，小熊猫为国家Ⅱ级保护动物。

西藏各地都有食肉类动物的分布。食肉动物毛皮是名贵的制裘原料。该类动物多是动物生态生物金字塔的顶级物种，历史上曾有许多危害人类生产、生活的事例。随着人类社会的进步，已认识到这些食肉动物是生物多样性中维持生态平衡的重要物种，绝大部分已列为国家和西藏自治区重点保护野生动物名录内。

(6)偶蹄目有林麝、马麝、黑(褐)麝、喜马拉雅麝、赤麂、毛冠鹿、白唇鹿、马鹿、野猪、野牦牛、藏原羚、藏羚、扭角羚(羚牛)、鬣羚(苏门羚)、斑羚、赤斑羚、岩羊等，其中，林麝、马麝、黑(褐)麝、喜马拉雅麝、白唇鹿、藏羚、扭角羚(羚牛)、赤斑羚是国家Ⅰ级保护动物，赤鹿、马鹿、鬣羚、斑羚、岩羊等是国家Ⅱ级保护动物。

(7)奇蹄目仅有西藏野驴，国家Ⅰ级保护动物，我国特有物种，具有十分重要的科学研究价值。皮、肉均曾利用，许多产品也曾入药，经济价值较高。

第四章 湿地资源利用

第一节 湿地资源利用方式及其利用现状

1 湿地利用方式、范围、程度

湿地生态系统内任何能被人类改造利用的部分，均可称为湿地资源。因此湿地资源是包括水资源、土地资源、生物资源、景观资源、矿产资源、能源资源、人文资源等多种资源类别的综合体，主要体现在以下几个方面。

1.1 水资源

西藏自治区湿地水资源主要包括河流、外流湖区的淡水资源、内流湖区的咸淡水资源和咸水资源。经初步核算，西藏自治区多年平均水资源总量4482亿立方米，折合径流深360.2毫米。水资源总量分布趋势与降水趋势相似，由东南向西北递减。按行政区划分，林芝地区的水资源总量最大，为304.03亿立方米，占西藏自治区的49%；山南、昌都、那曲、日喀则、阿里等地区(市)的水资源量占西藏自治区的比重依次为16.40%、11.10%、9.30%、9%、3.10%，拉萨市的水资源总量最小，只占西藏自治区总量的2%。西藏自治区人均占有水量约1.9万立方米，超过了全国平均水平。但分布不均，其中，林芝地区最大，拉萨市最小。

西藏自治区水资源总量虽然较大，但还是不能保证西藏经济社会发展的基本需求。主要是由于水资源的分布不均匀，大部分水资源不能充分利用。经自治区水利厅水资源平衡计算，目前(不含环境用水)缺水4.3037亿立方米，还存在部分城镇缺水，部分地区农村人畜饮水困难，水资源供需矛盾还较突出。西藏自治区湿地水资源的质和量也在发生转变，一方面随着过度放牧、围垦、引流等因素造成湿地面积的减少，湿地蓄积水的功能逐步减弱，提供的水资源量不断减少；另一方面随着湿地补给水源的减小，多年平均蒸发强度的加大，湖泊的水资源逐年减少。较为乐观的是由于西藏自治区人口和工矿企业较少，大多数河流、湖泊受人类生产活动的影响较小，水质基本保持自然状态。2009年，主要江河水系，包括雅鲁藏布江、金沙江、怒江、澜沧江等主要江河干流水质达到《地表水环境质量标准》(GB 3838—2002)(以下简称“地表水环境质量”)Ⅱ类标准；拉萨河、年楚河、尼洋河等流经主要城镇的河流水质达到地表水环境质量 Ⅲ 类标准；发源于珠穆朗玛峰的绒布河水质达到地表水环境质量Ⅰ类标准。羊卓雍湖、纳木错水质总体达到地表水环境质量Ⅰ类标准。城市集中饮用水源地拉萨市 4 个饮用水源地及其他 6 个地区行署所在地市镇 17 个饮用水源地水质总体保持良好，均达到《地下水质量标准》(GB/T 14848—93) Ⅱ 类标准和地表水环境质量 Ⅲ 类标准。

1.2　牧草地资源

草地畜牧业是西藏自治区重要的基础产业之一，是藏族人民世代经营的传统产业。西藏全自治区有土地面积 122 万多平方公里，其中草甸面积近 83 万多平方公里，占总面积的 2/3，占全国草原面积的 26%，其产品具有广泛的国际市场，并已成为出口创汇的拳头产品和主体产品，其出口额占西藏自治区出口额的 80% 以上。城郊畜牧业是商品经济发展的产物，西藏现有建制市 2 个，建制镇 31 个。在 33 个市(镇)中，10 万人以上城市 1 个，1 万人以上的城镇 6 个，在市场经济化和城乡经济一体化的经济发展新阶段，城郊畜牧业已成为整个市场畜牧业经济的龙头和城镇经济、市场中心的一个重要的组成部分。

西藏自治区湿地范围中的草本沼泽面积 63.07 万公顷，沼泽化草甸 97.24 万公顷，占西藏自治区草地面积(8231.3 万公顷)的 1.95%。作为牧业活动的主要放牧区域之一，其单位面积的产草量远远大于其他草场的草产量，是牧民的主要冬季牧场，为西藏牧业经济的发展做出了重要的贡献。在西藏自治区发展畜牧业其优势是拥有辽阔的牧场和丰富的水源，气温适宜。经过近 50 年的努力，目前畜牧业正在经历着由靠天放牧向科技牧业转变，由依靠经验向靠科技转变，由粗放经营向集约经营转变，由带有浓厚的自然经济特点的畜牧业向市场经济畜牧业转变，牧民的生产和生活由游牧向定居、半定居转变，总之，是由传统牧业向现代化转变，这也是畜牧业未来发展的趋势。

西藏自治区湿地范围中许多草本沼泽又是重要牧场，多年来的过度放牧，致使许多草本沼泽退化。

1.3　生物资源

生物资源是湿地的重要组成部分，正是它们赋予湿地无穷的生命力和巨大的生产潜力。西藏自治区境内湿地受人为干扰强度较低，特别是河流湿地、湖泊湿地几乎保持原始状态，湿地生物资源极为丰富。据本次调查统计，西藏湿地现已记录的高等植物有 557 种，隶属 58 科 193 属。其中蕨类植物 7 种，隶属 5 科 6 属；裸子植物 2 种，隶属 1 科 1 属；被子植物 548 种，隶属 52 科 186 属。被子植物中，单子叶植物 14 科 53 属 143 种；双子叶植物 38 科 133 属 405 种。湿地脊椎动物 360 种，隶属于 5 纲 22 目 56 科。其中，哺乳纲 8 目 21 科 132 种；鸟纲 8 目 16 科 57 种；爬行纲 1 目 8 科 55 种；两栖纲 2 目 6 科 45 种；鱼纲 3 目 5 科 71 种。其中，国家重点保护鸟类 11 种，国家Ⅰ级哺乳类保护动物 15 种。

1.4 景观资源

西藏自治区湿地类型全，分布广，湿地景观资源丰富。纳木错、玛旁雍错和羊卓雍错等内陆湖泊海拔高，面积大，湖水清澈甘洌，纤尘不染。一望无际的湖面，在风平浪静时，犹如明镜，蓝天白云、雪峰峭壁倒映其中，出神入化；微风过后，拂起阵阵涟漪，像一串串笆音，引发心灵的震颤；云开雾散之际，波光粼粼，似堆金撒银，令人痴迷沉醉。雅鲁藏布江、拉萨河、尼洋河等河流水面宽阔，与湖边山色相互映衬，形成漂亮的湿地景观。河、湖周边的沼泽湿地，分布有黑颈鹤、赤麻鸭、斑头雁等湿地鸟类，为人与野生动物的近距离接触，提供了场地。总之，湿地景观近年来吸引着四面八方的游客，已成为西藏自治区的主要旅游景点。依托各具特色的湿地景观资源，已经建立国家湿地公园5处(本次调查数据)，截至2014年9月，西藏已建立国家湿地公园8处。

1.5 人文资源

西藏自治区湿地开发利用历史悠久，长期以来，湿地与周边居民相生相息，彼此影响，人文底蕴深厚。天上有一条银河，地上有一条天河，被称为"天河"的雅鲁藏布江，从雪山冰峰间流出，又将冰液玉浆带向藏南谷地。它哺育着两岸肥沃的土地，是藏族人民文化的摇篮。繁衍生息于此的藏族人民，创造出了绚丽灿烂的藏族文化，是我们多民族国家文化瑰宝中的重要组成部分。藏族佛教普遍而又诚笃。雅鲁藏布江流域的寺庙林立，无论是在峡谷溪涧之旁，还是深山野岭之中，都可听到悠悠的古刹钟声。玛旁雍错其周围自然风景非常美丽，自古以来佛教信徒和苯教徒都把它看做是圣地"世界中心"，是藏传佛教所称三大"神湖"之一，佛教称"圣湖"。每到夏秋季佛教徒扶老携幼来此"朝圣"，在"圣水"里"沐浴净身"以"延年益寿"。总之，西藏的湿地文化，就是西藏社会几千年发展的历史文化。

1.6 能源资源

从能源资源方面来讲，西藏自治区缺油少煤，以水能为主的可再生能源蕴藏量十分丰富，且在西藏能源资源结构中占有绝对比重。根据全国水能资源复查成果(2005年)，西藏自治区水能资源理论蕴藏量达20136万千瓦，占全国的29%，居全国首位；技术可开发装机容量11000万千瓦，占全国的20.30%，仅次于四川省，居全国第二位。而截至目前，西藏自治区全口径装机容量尚不足100万千瓦，水能开发潜力巨大。西藏自治区水电还具有集中开发、集中外送的优势。水能资源主要集中分布在藏南和藏东，即雅鲁藏布江、怒江、澜沧江和金沙江干流，其技术可开发装机容量占西藏的80%以上，其中仅雅鲁藏布江流域干流水能理论蕴藏量就达到7911.6万千瓦，技术可开发量达到5646.2万千瓦，可开发水电站又主要以大型为主，非常便于集中开发和集中外送。在我国努力推进可持续发展战略，优先发展可再生能源的政策背景下，西藏自治区的水力资源在我国能源资源中战略地位更加突出，但生态保护的压力也更大。

2 湿地利用存在的问题及拟采取应对措施

2.1 存在的问题

2.1.1 放牧导致湿地面积萎缩

草甸生态系统是由生物和非生物环境进行有条件的能量交换和物质循环相互作用的有机生态系统。草甸植被和草原土壤肥力也有其自身的演替循环发展规律。只有合理利用草甸资源，才能有效保护草甸生态系统。例如，2006 年末，嘉黎县的措拉乡每绵羊单位牲畜仅占有草场面积 0.87 亩，而西藏自治区的理论载畜量是平均 33.88 亩草地养一个绵羊单位，可见区域内草场严重超载。由于突出的草畜矛盾，致使牧民群众对草场实行掠夺式的放牧经营，使沼泽化草甸与草本沼泽失去休养生息的机会，植被和土壤肥力循环演替发生变化，加快了草甸结化和沙化的过程。这个过程对湿地产生了直接影响，湿地植被是区域内最好的草甸植被，其他草场的载畜量受到限制的时候，这种压力势必转到湿地中来，于是，湿地面积遭受破坏后必定向萎缩的方向发展。

自从西藏自治区实施草原补偿奖励之后，过度放牧从一定程度上得到抑制。

2.1.2 湿地植物资源管理缺乏有效监管

沼泽化草甸是西藏自治区分布最广、资源最丰富的湿地类型，也是广大农牧区的主要牧场，很多草场存在过牧现象。然而，目前还没有关于野生植物资源开发和利用的相关法规和管理制度，大部分资源性湿地植物处于“自由开发”的状态。湿地植物对于湿地生态系统结构的稳定具有重要作用，同时，西藏自治区生态环境脆弱，关键物种的破坏可能会导致生态系统的崩溃。

2.1.3 湿地河道下切，泥炭沼泽草甸化、沙化趋势明显，部分沼泽干涸

沼泽是西藏自治区生态系统的一个特殊生态环境，起着保护自然生态和人类生存发展的重要作用。由于全球气候转暖，沼泽正明显趋于自然疏干状态。此外，还由于人畜的扰动，将湿地常年流水处的根茎交结层破坏以后，河床底部以及两侧失去保护层，加快了河床侵蚀的速度，造成河流下切，附近沼泽被动排干，导致泥炭沼泽草甸化、甚至沙化，致使部分沼泽干涸。

2.1.4 鼠兔危害

西藏自治区大量分布松田鼠、高原松田鼠、高原兔等鼠、兔类动物，这些动物以大量取食牧草叶、茎、花和种子，打洞、挖掘土丘等方式覆盖牧草、破坏草原植被，使土壤裸露，从而加剧了部分地区草原退化、沙化。

2.1.5 湿地周边植被破坏

西藏高原干燥寒冷，农牧民生活燃料以薪材为主，灌木林资源消耗较大，造成了湿地周边植被受到一定破坏。湿地周边植被，特别是灌木植被对湿地生态安全具有重要意义，但目前还缺乏有效的保护措施。

2.1.6 围垦使部分天然湿地面积消失

西藏自治区大部分地区因地处半干旱气候区，沙丘地貌分布广泛，土壤石砾含量较高，适合建房做土坯的土壤相对匮乏。而沼泽湿地土壤有机质含量高，土壤黏性相对较强。因此，社区周边沼泽湿地，被大量开挖用于制作房屋或围墙建设土坯用土，造成湿地破坏。局部湿地如贡嘎县的杰德秀湿地区河漫滩上以前有大片的薹草沼泽、芦苇沼泽和香蒲沼泽，近几年来通过排水被改

为农地和建设用地。由于地势较高，排水后造成地下水位下降，局部地方出现较为严重的土地盐渍化和沙化现象。这不仅使湿地景观镶嵌度下降，而且适宜于湿地鸟类栖息的沼泽丧失殆尽，生物多样性急剧下降，湿地蓄水功能丧失，威胁下游生态安全。

2.1.7 部分水体水环境质量不容乐观

本次调查发现西藏自治区湿地生态系统水环境质量总体较好，大部分湿地水质为Ⅱ类水以上。从区域分布上来看，远离城镇湿地的水环境质量好于城镇，城市湿地水环境质量劣于非城市。综合来看，湿地水环境污染主要来自于工业废水废渣、农业面源污染、城镇污水和垃圾、农村生活污水和垃圾。随着人口的增长，工业企业的增多，近年个别地方已发现有水污染现象。全区废水排放总量约为4980万吨，个别小河受到轻度污染，如拉萨河支流堆龙河，枯水期水质超过国家《地面水环境质量标准》(GB 3838—2002)的Ⅲ类标准。工业废水排放总量为2398.4万吨，其中化学需氧量COD排放量2690.4吨，硫化物排放量95.6吨。应采取有效措施，积极预防，及时治理水污染，重点治理城镇生活污水和重点企业废水，提高废水回收处理利用率，减少排污量，防止水环境恶化，并通过生物与工程治理措施改善水资源环境。

目前，西藏部分湖泊水体呈现富营养趋势，个别湖区已达到富营养状态。除了工业废水、城镇污水和垃圾，随着农村生产生活方式的逐渐转变，农村生活污水和垃圾的污染也日益严重。

分散在农村居民居住区和耕作区周边的小型湖泊、沼泽湿地、库、塘与沟渠，是农业种养殖面源污染和居民生活污水进入主要河道的前置蓄积库，发挥了重要的前期蓄积、沉淀、分解和降解作用。但由于农村生活污水污染、堆放垃圾等，有些小型湿地基本被破坏。

2.1.8 资源不合理利用使湿地生物资源总量及种类日益减少

湿地周边牧民世代与湿地相生相息。但随着人口密度增加，牧业生产的加大，过度和不合理利用湿地资源的生产方式导致对湿地资源的破坏，造成湿地生态环境质量的降低，生物资源总量下降。破坏了湿地的植被，局部沼泽湿地将退化或趋于退化。破坏了珍稀鸟类和水生动物的栖息环境和食物来源，将威胁到它的生存和繁殖。同时，西藏自治区是世界上海拔最高的盐湖分布区，盐湖中存在大量的卤虫和嗜盐藻资源。在高额利润的强烈刺激下，在不掌握任何资源数据和对生态环境缺乏保护意识的情况下滥捕、滥捞，对盐湖中的卤虫资源进行灭绝性的开采，长此下去必将导致这一资源的最终枯竭，破坏湿地生态平衡。

2.1.9 外界干扰加强

西藏自治区湿地区有上百个较大的鸟岛，每年夏季有大量的候鸟进行繁殖，随着旅游业的发展，流动人口的增加，每年下湖和登岛观鸟的活动不断增加，一定程度上影响湿地鸟类的繁殖。

2.2 拟采取措施

2.2.1 加强对现有湿地资源，特别是自然湿地资源的抢救性保护

湿地生态系统是西藏自治区重要的自然生态资本，但其现状不容乐观。现有湿地资源整体上呈面积逐步减小、生态质量逐步下降、生态功能逐步降低的趋势。合理利用湿地资源的首要前提就是要加强对现有资源的抢救性保护，彻底扭转目前湿地生态环境恶化的不利趋势，这也是合理利用湿地的最大资本。

2.2.2 制定科学的湿地土地资源利用政策，因地制宜施行退牧还湿

对于沼泽草甸湿地生态系统，应坚决杜绝随意侵占湿地和扭转湿地属性的行为发生，严格禁止围垦、采挖、堤岸工程、景点建设、餐饮宾馆建设侵占湿地，并采取草畜平衡奖励的方式，保持草场的使用者或草原承包经营者通过草原和其他途经获取的可利用饲草与饲养的牲畜所需要的饲草量保持动态平衡。

2.2.3 控制湿地内的引水量，保持湿地生态用水及其水量平衡

在干旱半干旱地区，特别是从农区周边的小型河流和湖泊湿地内，进行引水对农田进行灌溉，应科学合理控制水的用量，防止在旱季过度引水，引起河流断流和湖泊干涸，造成湿地环境破坏，土地沙化，生物多样性降低，湿地生态系统崩溃。

2.2.4 合理利用湿地景观资源，发展湿地生态旅游

在维护湿地生态平衡、保护湿地功能和生物多样性的前提下，通过建立湿地保护区、湿地公园等方式，开展湿地生态旅游，展示湿地自然景观和独特的生物多样性及湿地文化，发挥湿地公园休闲、科普教育等方面的作用，最大限度地发挥湿地的经济、社会效益。

2.2.5 开展湿地资源可持续利用示范

湿地资源只有被科学利用才能产生积极的综合效益，而湿地资源是水资源、土地资源、生物资源、景观资源、矿产资源、能源资源等多种资源类别的综合体，涉及林业、农业、渔业、能源、矿产、水利、土地等多个行业。湿地资源合理利用必须充分发挥其各个组成资源类别的效益。为了合理利用湿地资源，可根据不同地方湿地资源的特征，以及湿地与当地公众、社会的关系，开展各种类型的湿地资源可持续利用示范。

2.2.6 建立健全和完善湿地保护的法规和规章制度

为了从根本上解决湿地所面临的严峻的环境问题，保障湿地保护工程建设需要，要在认真实施《湿地保护管理规定》和《西藏自治区湿地保护条例》的基础上，以法规形式明确规定湿地开发利用的方针、原则、行为规范、部门分工以及对违法行为处罚等，从而为从事湿地保护与合理利用的有关行业、部门和管理者、利用者提供基本的行为准则。要通过建立开发环境影响评价制度和项目审批制度，制止对湿地资源随意开发和滥用，对因湿地改造和不合理利用而导致的不良影响和后果，要及时采取减轻、消除和补救措施；要加强执法力度，严格执法，做到有法必依、违法必究、执法必严。同时，各级政府和林业主管部门应定期组织对湿地现状进行监督检查，及时预防和制止对湿地资源破坏的行为。

第二节 湿地资源可持续利用前景分析

1 湿地资源可持续利用背景分析

随着全球人口增长，社会经济的发展和环境压力增加，湿地的重要作用日益突出，保护湿地的重要意义越来越受到人类社会的关注。

1971年，国际社会在伊朗缔结了《拉姆萨尔公约》(又称《湿地公约》)，我国于1992年加入《湿地公约》，成为第67个成员国，并由国务院批准，在国家林业局成立了中华人民共和国履约办公室。

2000年，我国制定并实施《中国湿地保护行动计划》，2003年完成了全国第一次湿地资源调查。同年，国务院批准了由国家林业局牵头，8个部委联合编制了《全国湿地保护工程规划(2002～2030年)》。

2005年，对该规划进行细化，并下发了《全国湿地保护工程实施规划》(2005～2010年)。

2009年，国务院批准《西藏生态安全屏障保护与建设规划(2008～2030年)》，湿地保护与恢复工程也列入其中。

2010年，国务院召开第五次西藏工作座谈会再次强调要“加强生态环境保护，特别是重点地区生态环境建设，加快建立生态补偿长效机制，让西藏的青山绿水常在，积极构建高原生态安全屏障”。从保障国家生态安全、维护国家稳定繁荣等长远发展和战略全局的角度看，构建西藏生态安全屏障既十分重要，又十分紧迫。

2012年7月，国家林业局下发《全国湿地保护工程“十二五”实施规划》，西藏自治区有24个湿地方面的项目被列入其中。

2013年4月，国务院副总理汪洋在国家林业局调研时强调特别关注林业资源保护问题，森林、湿地、野生动植物等资源都具有不可逆性，一旦失去，很难恢复，必须采取更加严格的保护措施，对生态重点区域严防死守。

2013年5月，中共中央总书记习近平在中共中央政治局第六次集体学习时强调，坚持节约资源和保护环境基本国策，努力走向社会主义生态文明新时代。习近平强调要实施重大生态修复工程，增强生态产品生产能力，坚持预防为主，综合治理。

2013年8月，全国政协主席俞正声在听取西藏自治区发展稳定工作情况汇报时强调，西藏要走经济与资源环境相协调的文明发展道路。

纵观国内外形势，可以看出西藏自治区湿地可持续利用方面有良好的背景。

2 湿地可持续利用的优势

西藏自治区对湿地保护极为重视，20世纪90年代起陆续建立了以保护湿地为主的拉鲁湿地国家级自然保护区、西藏色林错黑颈鹤国家级自然保护区、雅鲁藏布江中游河谷黑颈鹤国家级自然保护区等13处国家和自治区级自然保护区。于2006年起，根据《全国湿地保护工程实施规划(2005～2010年)》《西藏生态安全屏障保护与建设规划(2008～2030年)》《全国湿地保护工程“十二五”实施规划》相继启动了这些保护区的湿地保护与恢复工程建设。2014年，西藏自治区林业厅向全社会公布西藏自治区第二次湿地资源调查成果。通过这些项目，有力地促进了重要湿地区域的保护，一些重要湿地的生态状况正在逐步改善，全社会湿地保护意识显著提高，为湿地保护产生了良好的社会氛围。

3 保障湿地资源可持续利用拟采取措施

3.1 制度建设

2009 年，机构改革中，西藏自治区人民政府将湿地保护的组织、协调、指导、监督职责明确赋予自治区林业主管部门，并在自治区林业厅动植物保护与自然保护区管理处加挂了自治区湿地保护管理办公室牌子，具体负责西藏湿地保护管理的各项工作。

2006 年，实施了《拉萨市湿地保护管理办法》；2010 年，实施了《拉萨市拉鲁湿地自然保护区管理条例》；2011 年，实施了《西藏自治区湿地保护条例》；2013 年，国家林业局发布了《湿地保护管理规定》；2014 年 5 月，西藏自治区林业厅向全社会公布了西藏自治区第二次湿地资源调查成果。

相关法律法规的颁布实施、机构的建立、资源调查成果的公布，这些基础性工作为西藏湿地依法保护管理奠定了基础，使得西藏湿地管理制度建设更上一层楼。

3.2 政策支撑

西藏自治区大多数地区相对处于贫困之中，经济发展仍然是今后一段时间内的主要方向，在湿地的保护与利用之间矛盾突出，如旅游发展与湿地保护，水电开发与河流湿地保护，牧业生产与沼泽湿地保护，工农业及生活用水与湿地水位维持等。大多数湿地自然保护区都缺乏专业技术人才，湿地保护仅仅是日常巡护而已，缺乏科学研究，难以对湿地进行有效管理。鉴于此，对于湿地可持续利用政策层面，拟从下面几个方面来执行。

3.2.1 认真贯彻落实国家和地方湿地保护相关法律法规

认真贯彻落实国家及各行政主管部门颁布的《中华人民共和国水法》《中华人民共和国水土保持法》《中华人民共和国水生野生动物保护实施条例》《国务院办公厅关于加强湿地保护管理的通知》《国家林业局关于加强鸟类管理的紧急通知》《国家林业局关于加强自然保护区建设管理有关问题的通知》《西藏自治区人民政府办公厅关于加强我区湿地保护管理的通知》《西藏自治区湿地保护条例》《湿地保护管理规定》等相关法律法规，依法保护好西藏高原的湿地。

3.2.2 大力推进西藏湿地保护立法工作

西藏自治区目前已制定《西藏自治区湿地保护条例》，拉萨市制定了《拉萨市湿地保护管理办法》及《拉鲁湿地自然保护区管理办法》，对全区湿地及拉萨湿地保护起到积极作用，为加强全区湿地保护管理工作，积极鼓励各地区根据国家和自治区制定的法律法规，制定本地区或地区范围内重要湿地的保护条例。

3.2.3 切实加强湿地执法建设

加强执法队伍建设，完善湿地安保体系，努力提高执法水平，坚决打击各种违法犯罪活动，实行依法保护湿地，依法保障全区湿地保护建设工程健康发展。

3.2.4 建立保护和合理利用的经济政策体系

加强对西藏湿地生态系统经济类产品的管理。重点保护湿地生态环境，积极治理湿地污染，增加湿地生态环境保护的资金投入。除湿地敏感区域外，在不改变当地湿地功能的情况下，积极开展湿地生态环境保护与可持续利用的工作。制定鼓励节约利用湿地自然资源和在部门发展中优先注意保护湿地生物多样性的政策。

3.3 资金支持

西藏自治区地处我国西部，发展滞后，财政薄弱，湿地保护与治理都是长期的过程，治理好转后还需要有效的保护措施，这些工作均需要大量资金，而目前地方财政还难以保证这样的资金投入。

鉴于此种情形，今后，西藏自治区将按照国家林业局的统一部署，在自治区党委、政府的正确领导下，继续加大项目申报和建设力度，以重点工程项目为抓手。同时，积极推进湿地保护奖励机制试点工作，建立湿地生态效益补偿机制。

通过上述工作，以实现中央财政对西藏湿地保护方面的支持，从而达到争取资金投入，为西藏自治区湿地的可持续利用提供资金保障。

第五章
湿地资源评价

第一节
湿地生态状况

西藏自治区湿地资源分布广泛，类型丰富，但是随着社会经济的不断发展，人口、资源与环境的矛盾日渐凸显，湿地水资源短缺、水质污染、环境恶化等问题日趋严重，湿地生态状况不容乐观。

1　湿地水文状况

1.1　水源补给状况

2010年，西藏自治区年平均降水量为601.3毫米，折合水量7230.43亿立方米，比上年偏多12.5%，比多年均值偏多5.2%。全区降水主要受印度洋暖湿气流的控制，水汽沿藏东南诸河河谷上溯形成降水，水汽在上溯过程中逐渐减少，造成全区降水量自东南向西北逐渐减少的趋势，从而导致了降水量在空间分布上的极不均匀。“干湿季分明”是西藏气候的主要特点。大部分地区年降水量集中在6~9月，占全年降水量的80%以上。喜马拉雅山南坡和藏东南河谷一带(即藏南诸河区)，处于水通道的前缘，雨季开始早，结束晚，故降水量年内分配比较均匀。

西藏自治区湿地水源补给大部分依靠雪山融水、地表径流、大气降水和地下水或上述几种方式共同形成的综合补给。人工补给很少。

1.2　地面水流出状况

西藏自治区湿地地面水以永久性流出为主，永久性河流湿地和部分库塘湿地的地面水均为永久性流出；其次为季节性流出，季节性或间歇性河流湿地、部分库塘湿地和输水河湿地的地面水为季节性流出；间歇性、偶尔或没有流出占有较少的比例。

在全区59处重点调查湿地中，地面水为永久性流出的有30处，季节性流出的有15处。

1.3 地表水积水状况

2010年，西藏自治区地表水资源量为4592.95亿立方米，折合径流深381.99毫米，比上年偏多14%，比多年均值偏多4.5%。从流域来看，藏南诸河年径流深最大，为1318.9毫米；羌塘高原内陆区年径流深最小，仅为44.2毫米，两地相差约30倍。全区河川径流的年内分配极不均匀：冬季径流主要为地下水补给，所以水量少；而夏季随着气温的升高，径流主要由降水和融水补给，故水量大；春秋两季为过渡期，水量介于两者之间。

径流的年内分配在一定程度上取决于河流的补给类型：对于冰雪融水补给为主的河流，由于夏季温度高、冰雪融水量大、降水量也大，径流主要集中在6~9月，连续最大4个月径流量占年径流总量的70%~80%；以地下水补给为主要类型的河流，连续最大4个月(7~10月)的径流量占年径流总量的60%~70%；以降水量补给为主要类型的河流，连续最大4个月出现在6~9月。

西藏自治区湿地中地表水积水以永久性积水为主，季节性积水次之，间歇性积水和季节性水涝较少。

在全区59处重点调查湿地中，地表水积水属永久性积水的有36处，季节性积水的有15处。

1.4 蓄水动态

据统计，2010年末，西藏自治区主要的大型水库有4座。经估算，年末大型水库蓄水量合计3.84亿立方米；中型水库蓄水量合计0.44亿立方米。

2010年全区总供水量为35.20亿立方米。其中，地表水供水量32.43亿立方米，占总供水量的92.1%；地下水源供水量2.77亿立方米，占总供水量的7.9%。用水量与供水量平衡，为35.20亿立方米。其中，农业用水量33.14亿立方米，占总用水量的94.1%；工业用水量1.47亿立方米，占总用水量的4.2%；生活用水量0.60亿立方米，占总用水量的1.7%。

1.5 出入境水量

2010年，西藏自治区入境水量114.06亿立方米，比多年均值偏少10.6%。其中，从青海入省境水量113.01亿立方米(含西藏流出到青海的14.04亿立方米的水量)；从克什米尔地区入国境水量1.05亿立方米。

2010年，全区总出境水量为4384.25亿立方米，比年平均值偏多3.6%。其中，流出省界的水量691.92亿立方米；流出国界的水量3692.33亿立方米。

1.6 水资源利用简析

从以上数据来看，西藏自治区水资源总量较为丰富，但时空分布差异大，降水主要集中在汛期，非汛期所占比例很小。从总量上看，水资源量十分丰富；2010年，人均占有水资源量15.3万立方米。但由于受地形和气候条件的制约，地区水资源量分布极不均匀。54%的水资源量集中在耕地面积仅占全区8%的林芝地区；而工农业较为发达的藏中“一江两河”地区的水资源量仅占全区水资源总量的5.9%。

2 湿地水质状况

西藏自治区湿地中永久性淡水湖、永久性咸水湖因地处偏僻，人为干扰较小，水质普遍较好。另外，大多数永久性河流因水体在不停流动，水质较好。季节性或间歇性河流湿地、洪泛平原湿地、人工库塘水质次之；运河、输水河水质较差。

2.1 湿地水质等级

西藏自治区境内的重点调查湿地水源多为地表径流和大气降水补给，水质在Ⅰ~Ⅲ类水标准之间(见《地表水环境质量标准》(GB 3838—2002)，下同)。重点湿地内水质基本为Ⅰ~Ⅱ类水，发源于珠穆朗玛峰国家级自然保护区内的绒布河、雅江中游河谷黑颈鹤国家级自然保护区内的羊卓雍错、纳木错自治区级保护区内的纳木错水质总体达到Ⅰ类标准。

本次调查结果显示，西藏羌塘国家级自然保护区、西藏珠穆朗玛峰国家级自然保护区、西藏桑桑湿地自然保护区、聂荣安多沼泽、马泉河等17处重点调查湿地水环境状况良好，无明显污染，可达Ⅰ类水质；西藏拉鲁湿地自然保护区、西藏色林错黑颈鹤国家级自然保护区、西藏扎日南木错湿地自然保护区等23处重点湿地水环境较上述17处略差，但也无明显污染，可达Ⅱ类水质；雅鲁藏布江黑颈鹤国家级自然保护区内的拉萨河、年楚河及工布自治区级自然保护区内尼洋河等流经的主要城镇的河流水质达到Ⅲ类水标准。

总体来讲，西藏自治区境内重点调查湿地内的水质，受人为生产活动影响较小，水质季节性变化小，水质整体较好。

2.2 湿地水体富营养化情况

西藏自治区基本无大型工业生产，河流受工业污染物质影响程度低。农业生产以畜牧业和种植业为主，种植业施用化肥农药程度较低，畜牧业所产生的粪便多为牧民收集作为燃料，随径流进入河流、湖泊的粪便有限，污染轻微。由于居民点分散，生活废水大部分未进入江水，较大的城镇生活废水一般通过支流或河沟进入江水，虽对局部水质产生一定影响，但据调查来看，废水总量与西藏河流径流量相比非常小，不会对水体产生严重影响。另外，湿地中大部分水体，光照充足，但是鉴于特殊的高原环境，大部分河流、湖泊湿地外源性输入有机质较少，氮磷营养物质匮乏，不利于水生浮游生物及水生植物的繁衍，只有个别区域如西藏拉鲁湿地自然保护区、西藏嘎朗国家湿地公园、西藏雅尼国家湿地公园等几个重点湿地中典型湿地植被长势喜人。

但是，随着全区工农业生产的发展，区域开发程度的提高，进入水体的营养物质会增加，进而促进浮游植物的生长繁殖，影响浮游植物的群落结构。但由于地处高寒地区，开发程度有限，水体浮游植物群落结构将基本保持目前状况变化很小，仅可能在三大宽谷江段浮游植物群落结构发生变化较大，即蓝藻门、绿藻门种类和数量可能会有所增加，甲藻门、裸藻门及隐藻门等种类也有可能出现。但由于高寒气候的影响，硅藻门占优势的状况将不会改变，主要水系干流区域发生水华现象的可能极小，仅在有较大点污染源的局部区域有短时间出现水华的可能。

3 湿地生态状况综合评价

3.1 评价方法

湿地生态状况直接反映湿地生态系统的健康水平，也是评价湿地生态功能是否正常发挥和满足人类需要的重要证据。依据调查成果数据，综合利用反映湿地生态状况的自然湿地面积、生物多样性、水环境，及湿地利用和威胁状况等方面的指标，对本次重点调查湿地进行了湿地生态状况的综合评价。评价指标体系见表5-1。

表5-1 指标体系一览

一 级	二 级	三 级	因 子
自然指标	景观指标	自然湿地率	自然湿地面积/湿地总面积
		湿地密度	平均斑块面积/湿地总面积
		湿地斑块密度	湿地斑块数/湿地总面积
	生物多样性指标	单位面积物种多度	物种数量/湿地面积
		植物覆盖度	植被面积/湿地面积
		外来物种入侵	有、无
	水环境指标	污染物	有、无
		富营养	贫、中、富
		水质级别	Ⅰ、Ⅱ、Ⅲ 、Ⅳ、Ⅴ级
人为干扰指标	社会指标	人口密度	人口数量/重点调查面积
		利用情况	工(旅游)、农、水、未4级
	威胁指标	威胁因子数量	数量
		威胁程度	安全、轻、重3级

采用层次分析方法(AHP)和德尔菲法，对评价指标进行分级和赋值，确定指标权重。各指标标准值计算：

①自然湿地率、湿地密度、湿地斑块密度、单位面积物种多度、植被覆盖度、人口密度6个指标根据大小分为五级，分别赋值1、3、5、7、9，指标值越高反映的生态状况越好；

②外来物种入侵、污染物两个指标，分为两个等级，“有”赋值2，“无”赋值8；

③营养状况分3级，贫营养赋值8，中营养赋值5，富营养赋值2；

④水质等级分为5级，分别赋值9、7、5、3、1；

⑤利用情况分为4级，工业(旅游)赋值3，农业(种植、牧业、林业)赋值5，水源地赋值7，未利用地赋值9；

⑥威胁因子数量，分为十级，采用“10－数量”来赋值；

⑦威胁程度分为三级，安全赋值8，轻度赋值5，重度赋值2；

各指标体系权重见表5-2。

表 5-2 指标体系权重值

<table>
<tr><th>一 级</th><th>权 重</th><th>二 级</th><th>层次权重</th><th>三 级</th><th>总权重</th></tr>
<tr><td rowspan="9">自然指标</td><td rowspan="9">0.6</td><td rowspan="3">景观指标</td><td rowspan="3">0.1</td><td>自然湿地率</td><td>0.030</td></tr>
<tr><td>湿地密度</td><td>0.012</td></tr>
<tr><td>湿地斑块密度</td><td>0.018</td></tr>
<tr><td rowspan="3">生物多样性指标</td><td rowspan="3">0.45</td><td>单位面积物种多度</td><td>0.108</td></tr>
<tr><td>植物覆盖度</td><td>0.108</td></tr>
<tr><td>外来物种入侵</td><td>0.054</td></tr>
<tr><td rowspan="3">水环境指标</td><td rowspan="3">0.45</td><td>污染物</td><td>0.054</td></tr>
<tr><td>富营养</td><td>0.081</td></tr>
<tr><td>水质级别</td><td>0.135</td></tr>
<tr><td rowspan="4">人为干扰指标</td><td rowspan="4">0.4</td><td rowspan="2">社会指标</td><td rowspan="2">0.4</td><td>人口密度</td><td>0.064</td></tr>
<tr><td>利用情况</td><td>0.096</td></tr>
<tr><td rowspan="2">威胁指标</td><td rowspan="2">0.6</td><td>威胁因子数量</td><td>0.084</td></tr>
<tr><td>威胁程度</td><td>0.156</td></tr>
</table>

3.2 湿地生态状况评价

根据综合得分，对重点调查湿地的生态状况进行综合评定，结合统计学自然断点法将综合得分进行划分，分为好、中、差3个等级。将综合得分在6.0以上(含6.0)的生态状况等级定为好，综合得分在6.0~4.0(含4.0)的生态状况等级定为中，综合得分在4.0以下的定为差。各重点调查湿地综合得分见表5-3。

表 5-3 西藏自治区重点调查湿地生态状况评价综合得分

序号	湿地名称	综合得分	生态状况等级
1	西藏多庆错国家湿地公园	7.266	好
2	西藏当惹雍错国家湿地公园	7.074	好
3	西藏桑桑湿地自然保护区	6.814	好
4	西藏扎日南木错湿地自然保护区	6.813	好
5	仁青休布错	6.717	好
6	西藏嘎朗国家湿地公园	6.710	好
7	西藏班公错湿地自然保护区	6.705	好
8	西藏然乌湖湿地自然保护区	6.598	好
9	聂荣、安多沼泽湿地	6.528	好
10	西藏洞错湿地自然保护区	6.518	好

（续）

序号	湿地名称	综合得分	生态状况等级
11	西藏嘉乃玉错国家湿地公园	6.474	好
12	西藏察隅慈巴沟国家级自然保护区	6.470	好
13	阿毛藏布及昂拉仁错沼泽湿地	6.434	好
14	那曲沼泽(怒江源)湿地	6.386	好
15	西藏玛旁雍错湿地自然保护区	6.385	好
16	拉果错东南沼泽湿地	6.381	好
17	西藏工布自然保护区	6.353	好
18	多尔索洞错湖群	6.345	好
19	西藏雅尼国家湿地公园	6.298	好
20	许如错	6.249	好
21	果芒错	6.249	好
22	西藏麦地卡湿地自然保护区	6.217	好
23	西藏雅鲁藏布大峡谷国家级自然保护区	6.206	好
24	马泉河	6.204	好
25	姆错丙尼	6.189	好
26	西藏类乌齐马鹿国家级自然保护区	6.170	好
27	西藏羌塘国家级自然保护区	6.114	好
28	帕龙错	6.105	好
29	班戈东部湖区	6.096	好
30	达则错	6.093	好
31	西藏珠穆朗玛峰国家级自然保护区	5.990	中
32	西藏色林错黑颈鹤国家级自然保护区	5.950	中
33	达瓦错	5.949	中
34	西藏昂仁塔格架地热间喷泉群自然保护区	5.942	中
35	西藏纳木错自然保护区	5.914	中
36	查木错、塔若错	5.906	中
37	乌马曲沼泽湿地	5.897	中
38	西藏拉鲁湿地国家级自然保护区	5.814	中
39	帕度错	5.809	中
40	杰萨错	5.733	中
41	其香错	5.721	中
42	仓木错沼泽湿地	5.681	中
43	果普错沼泽湿地	5.681	中
44	西藏雅鲁藏布江中游河谷黑颈鹤国家级自然保护区	5.646	中
45	扎普西沼泽湿地	5.625	中

（续）

序号	湿地名称	综合得分	生态状况等级
46	贡觉沼泽湿地	5.559	中
47	夏嘎错沼泽湿地	5.553	中
48	玛尔盖茶卡	5.461	中
49	普莫雍错	5.433	中
50	多格错仁湖	5.425	中
51	古木错	5.425	中
52	西藏昂孜拉错—玛尔下错湖泊湿地自然保护区	5.394	中
53	泽错	5.277	中
54	大竹卡	5.234	中
55	羊八井沼泽湿地	5.232	中
56	兹格塘错	5.209	中
57	哲古错	5.155	中
58	打加错	5.150	中
59	结则茶卡	5.037	中

根据统计学累计求和公式，计算每处重点调查湿地生态状况综合得分：

$$综合得分 = \sum 指标因子赋值 \times 指标权重$$

根据得分情况，59处重点调查湿地中生态状况评定为好的重点湿地有西藏多庆错国家湿地公园、西藏班公错湿地自然保护区、西藏桑桑湿地自然保护区、西藏雅鲁藏布大峡谷国家级自然保护区等30处；湿地生态状况评价为中的有西藏珠穆朗玛峰国家级自然保护区、西藏色林错黑颈鹤国家级自然保护区、西藏拉鲁湿地自然保护区、结则茶卡等29处。值得一提的是，湿地生态状况评定为差的重点湿地没有。但是，结合本次评价方法中涉及的各类指标体系以及本次调查结果，西藏重点调查湿地生态状况不容乐观。随着西藏社会经济的高速发展，各类建设项目或多或少占用湿地资源，湿地生态状况的好坏，取决于管理部门的管理力度与相关法律法规的完善程度。

第二节
湿地受威胁状况

1　威胁因子

由于长期以来人们对湿地生态价值认识不足，加上保护管理能力薄弱，西藏湿地呈现面积逐步减少、生态质量不断降低、生态功能逐步退化的不良趋势。通过本次调查，湿地受威胁因子主要体现在以下几个方面。

1.1 围垦影响

西藏自治区大部分地区湿地因地处于半干旱气候区，沙丘地貌分布广泛，土壤石砾含量较高，适合建房做土坯的土壤相对匮乏，而沼泽湿地土壤有机质含量高，土壤黏性相对较强。因此，社区周边沼泽湿地，被大量开挖用于制作房屋或围墙建设土坯用土，造成湿地破坏。局部湿地如贡嘎县的杰德秀湿地区河漫滩上以前有大片的薹草沼泽、芦苇沼泽和香蒲沼泽，近几年来通过排水被改为农业用地。由于地势较高，排水后造成地下水位下降，局部地方出现较为严重的土地盐渍化和沙化现象。这不仅使湿地景观镶嵌度下降，而且适宜于湿地鸟类栖息的沼泽丧失殆尽，生物多样性急剧下降，湿地蓄水功能丧失，威胁下游生态安全。

随着城市化进程的加快，湿地(城市内或近郊的湿地)被大量围垦或填埋用于满足城市建设用地需要，导致湿地不断萎缩。对城市湿地破坏还表现在对城市湖泊、河流不合理的堤岸工程化处理等。

1.2 水体污染影响

本次调查发现西藏自治区湿地生态系统水环境质量总体较好，大部分湿地水质为Ⅱ类水以上。从区域分布上来看西藏远离城镇地区湿地水环境质量好于城镇；城市湿地水环境质量劣于非城市。综合来看，湿地水环境污染主要来自于工业废水废渣、农业面源污染、城镇污水和垃圾、农村生活污水和垃圾。随着西藏人口的增长，工业企业的增多，近年个别地方已发现有水污染现象。西藏废水排放总量约为4980万吨，个别小河受到轻度污染，如拉萨河支流堆龙河，枯水期水质超过国家《地面水环境质量标准》(GB 3838—2002)的Ⅲ类标准。工业废水排放总量为2398.4万吨，其中化学需氧量COD排放量2690.4吨，硫化物排放量95.6吨。应采取有效措施，积极预防，及时治理水污染，重点治理城镇生活污水和重点企业废水，提高废水回收处理利用率，减少排污量，防止水环境恶化，并通过生物与工程治理措施改善水资源环境。

目前，部分湖泊水体呈现富营养趋势，个别湖区已达到富营养状态。除了工业废水、城镇污水和垃圾，随着农村生产生活方式的逐渐转变，农村生活污水和垃圾的污染也日益严重。

分散在农村居民居住区和耕作区周边的小型湖泊，沼泽湿地、库、塘与沟渠，是农业种养殖面源污染和居民生活污水进入主要河道的前置蓄积库，发挥了重要的前期蓄积、沉淀、分解和降解作用，但由于农村生活污水污染、堆放垃圾等，有些小型湿地基本被破坏。

1.3 放牧影响

湿地周边牧民世代与湿地相生相息。但随着人口密度增加，牧业生产的加大，过度和不合理利用湿地资源的生产方式导致对湿地资源的破坏，造成湿地生态环境质量的降低，生物资源总量下降。同时，破坏了湿地的植被，局部沼泽湿地退化或趋于退化。过牧不仅破坏了珍稀鸟类和水生动物的栖息环境和食物来源，而且也威胁其生存和繁殖。但是，自从自治区实施了草原生态保护补助奖励之后，西藏过牧现象有所抑制。

1.4 资源采掘影响

西藏自治区是世界上海拔最高的盐湖分布区，盐湖中存在大量的卤虫和嗜盐藻资源。在高额利润的强烈刺激下，一些部门和企业在不掌握任何资源数据和对生态环境缺乏保护意识的情况下滥捕、滥捞，对盐湖中的卤虫资源进行灭绝性的开采，长此下去必将导致这一资源的严重枯竭，从而影响到以卤虫等为食物的水生动物的种群数量，破坏湿地生态平衡。

1.5 外来物种入侵影响

靠近城区或居民聚集地区域，由于西藏本地居民有放生习俗，特别是放生鱼类，如拉鲁湿地国家级自然保护区、拉萨河靠近城关区部分区域，可以发现有放生的鲤鱼、鲫鱼。这些鱼类可能会造成种群间生存竞争，但总体影响不大。

1.6 沙化影响

根据西藏自治区第四次荒漠化监测结果，全区荒漠化土地面积 4326.98 万公顷，占监测区域土地总面积的 84.18%；非荒漠化土地面积 813.05 万公顷，占 15.82%。由于荒漠化土地呈“三岛一片”状分布。三岛分别指朋曲流域亚湿润干旱区、雅鲁藏布江中段亚湿润干旱区、藏东金沙江干热河谷干旱亚湿润干旱区，其荒漠化面积分别为 143.33 万公顷、92.96 万公顷、1.57 万公顷，分别占荒漠化土地面积的 3.31%、2.15%、0.04%；“一片”指藏北—藏西北干旱、半干旱和亚湿润干旱区，荒漠化面积 4089.12 万公顷，占全区荒漠化土地面积的 94.50%，是荒漠化分布的主要区域。鉴于上述荒漠化土地分布情况，说明荒漠化对于全区湿地资源影响是切实存在的，也是不容忽视的。

除上述 6 个方面的威胁因子之外，本次调查细则中的其他 7 种威胁因子在西藏基本不存在。

2 合理利用建议

2.1 加强对现有湿地资源，特别是自然湿地资源的抢救性保护

湿地生态系统是西藏重要的自然生态资本，但其现状不容乐观，现有湿地资源整体上呈湿地面积逐步减小、生态质量逐步下降、生态功能逐步降低的趋势。合理利用湿地资源的首要前提就是要加强对现有资源的抢救性保护，彻底扭转目前湿地生态环境恶化的不利趋势，这也是合理利用湿地的最大资本。

2.2 制定科学湿地土地资源利用政策，因地制宜施行退牧还湿

对于沼泽草甸湿地生态系统，坚决杜绝随意侵占湿地和扭转湿地属性的行为发生，严格禁止围垦、采挖、堤岸工程、景点建设、餐饮宾馆建设侵占湿地，并采取草畜平衡奖励的方式，保持草场的使用者或草原承包经营者通过草原和其他途经获取的可利用饲草与饲养的牲畜所需要的饲草量保持动态平衡。

2.3　控制湿地内的引水量，保持湿地生态用水及其水量平衡

在干旱半干旱地区，特别是从农区周边的小型河流和湖泊湿地内，要注意适当引水对农田进行灌溉，防止在旱季过度引水，引起河流断流和湖泊干涸，造成湿地环境破坏，土地沙化，生物多样性降低，湿地生态系统崩溃。

2.4　合理利用湿地景观资源，发展湿地生态旅游

在维护湿地生态平衡、保护湿地功能和生物多样性的前提下，通过建立湿地保护区、湿地公园等方式，开展湿地生态旅游，展示湿地自然景观和独特的生物多样性及湿地文化，发挥湿地公园休闲、科普教育等方面的作用，最大限度地发挥湿地的经济、社会效益。

2.5　开展湿地资源可持续利用示范

湿地资源只有被科学利用才能产生积极的综合效益，而湿地资源是水资源、土地资源、生物资源、景观资源、矿产资源、能源资源等多种资源类别的综合体，涉及林业、农业、渔业、能源、矿产、水利、土地等多个行业，湿地资源合理利用必须充分发挥其各个组成资源类别的效益。为了合理利用湿地资源，可根据不同地方湿地资源的特征，以及湿地与当地公众、社会的关系，开展各种类型的湿地资源可持续利用示范。

第三节
湿地资源变化及其原因分析

1　调查结果

1.1　第一次西藏湿地资源调查(1996～2000 年)

西藏自治区第一次湿地调查共有湿地 600.48 万公顷(人工湿地仅统计库塘湿地)，占全区国土面积4.88%，其中自然湿地 600.43 万公顷，占湿地总面积 99.99%；人工湿地 0.05 万公顷，占湿地总面积 0.01%。自然湿地中，湖泊湿地 257.32 万公顷，河流湿地 23.11 万公顷，沼泽湿地 320 万公顷；人工湿地中，水库 0.05 万公顷，具体见表 5-4、图 5-1。

1.2　第二次西藏湿地资源调查(2010 年)

西藏自治区本次调查共有湿地 652.90 万公顷，占全区国土面积的比率(即湿地率)为 5.31%，其中自然湿地 652.40 万公顷，占湿地总面积 99.92%；人工湿地 0.50 万公顷，占湿地总面积 0.08%。自然湿地中，湖泊湿地 303.52 万公顷，河流湿地 143.45 万公顷，沼泽湿地 205.43 万公顷。人工湿地中，库塘湿地 0.38 万公顷，人工河流湿地(运河/输水河)0.12 万公顷，具体见表 5-4、图 5-1。

表 5-4　两次湿地资源调查结果比较

湿地类型		1996～2000 年		2010 年	
		面积(万公顷)	比例(%)	面积(万公顷)	比例(%)
自然湿地	河流湿地	23.11	3.85	143.45	21.97
	湖泊湿地	257.32	42.85	303.52	46.49
	沼泽湿地	320	53.29	205.43	31.46
	小　计	600.43	99.99	652.40	99.92
人工湿地	库　塘	0.05	0.01	0.38	0.06
	运河/输水河			0.12	0.02
	小　计	0.05	0.01	0.50	0.08
合　计		600.48	100	652.90	100

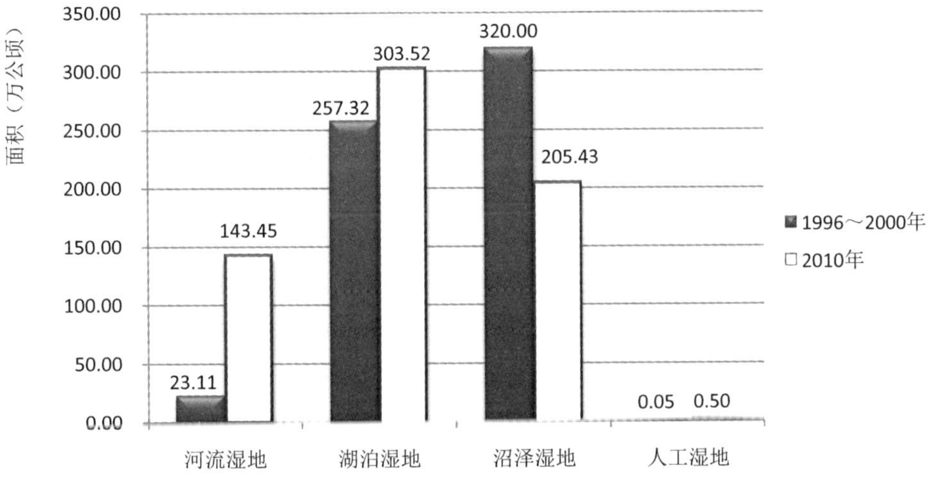

图 5-1　1996～2000 年、2010 年西藏两次湿地资源调查结果对比

2　比较分析

2.1　湿地总面积比较及原因分析

第二次湿地调查湿地总面积比第一次增加了 52.42 万公顷。主要原因一是两次湿地调查中湖泊、沼泽湿地取值范围不同。第一次全国湿地调查的湖泊、沼泽湿地范围面积基点是在 100 公顷(含 100 公顷)以上湿地，第二次调查的基点则是面积在 8 公顷(含 8 公顷)以上的湿地。二是第二次调查使用了遥感卫片与地形图结合判读的方式，并对湖泊、河流、沼泽湿地面积进行了实地核准调查，虽然沼泽湿地面积有所下降，但湖泊、河流湿地面积大大增加，从而使湿地总面积增加。三是近年来西藏加大水利工程建设，使库塘、运河/输水河面积增加。

2.2　河流湿地比较及原因分析

第二次湿地调查，河流湿地面积比第一次增加 120.34 万公顷，面积增加较大。原因主要是，虽然两次调查的河流湿地范围相同，均为宽度10米以上、长度5公里以上的河流湿地，但第一次调查主要利用地形图勾绘和结合资料统计进行，而西藏自治区河流分布范围广泛，造成众多河流遗漏或河流宽度估计不足；而本次调查采用遥感卫片与地形图结合判读的方式，通过现地核实，使得河流湿地面积大大增加。

2.3 湖泊湿地比较及原因分析

第二次湿地调查，湖泊湿地面积比第一次增加了46.20万公顷，这主要是第二次湖泊湿地调查范围扩大到8公顷以上，而西藏自治区湖泊众多，特别是8~100公顷的湖泊数量很大，增加了湿地面积。其次是近年来受全球气候变暖的影响，冰川和冻土消融较快，造成部分湖泊湿地面积扩大，如色林错，面积由原来的164000公顷(《西藏河流与湖泊》)增加到现在的211961.50公顷。

2.4 沼泽湿地比较及原因分析

第二次湿地调查，沼泽湿地面积比第一次下降了114.57万公顷，这主要是因为第一次调查对沼泽湿地图斑区划较粗糙，沼泽湿地中包括大量的草甸地带和植被盖度不足20%的盐碱滩，使沼泽湿地统计时面积偏大。其次，近年来部分沼泽湿地受水源补给影响和过度放牧，出现退化。

2.5 人工湿地中库塘比较及原因分析

第二次湿地调查，人工湿地中库塘的面积比第一次增加了0.33万公顷，运河/输水河也增加了0.12万公顷，这主要是近年来西藏加强了水利和电力工程建设，新修建了一批库塘湿地。

3 100公顷以上湿地资源调查结果比较分析

第一次西藏自治区湿地资源调查范围基点面积在100公顷(含100公顷)以上，总面积是600.48万公顷。其中，河流湿地23.11万公顷，湖泊湿地257.32万公顷，沼泽湿地320万公顷，人工湿地面积0.05万公顷。

第二次西藏自治区湿地资源调查成果100公顷(含100公顷)以上湿地面积为576.69万公顷，占第二次湿地资源调查成果总面积的88.33%。其中，河流湿地102.29万公顷，湖泊湿地292.65万公顷，沼泽湿地181.41万公顷，人工湿地面积0.34万公顷，全是库塘。具体见表5-5、图5-2。

表5-5 100公顷以上湿地资源调查结果比较

湿地类型		1996~2000年		2010年	
		面积(万公顷)	比例(%)	面积(万公顷)	比例(%)
自然湿地	河流湿地	23.11	3.85	102.29	17.74
	湖泊湿地	257.32	42.85	292.65	50.75
	沼泽湿地	320	53.29	181.41	31.46
	小　计	600.43	99.99	576.34	99.95

（续）

湿地类型		1996～2000 年		2010 年	
		面积(万公顷)	比例(%)	面积(万公顷)	比例(%)
人工湿地	库塘	0.05	0.01	0.34	0.05
	运河/输水河				
	小　计	0.05	0.01	0.34	0.05
合　计		600.48	100	576.69	100

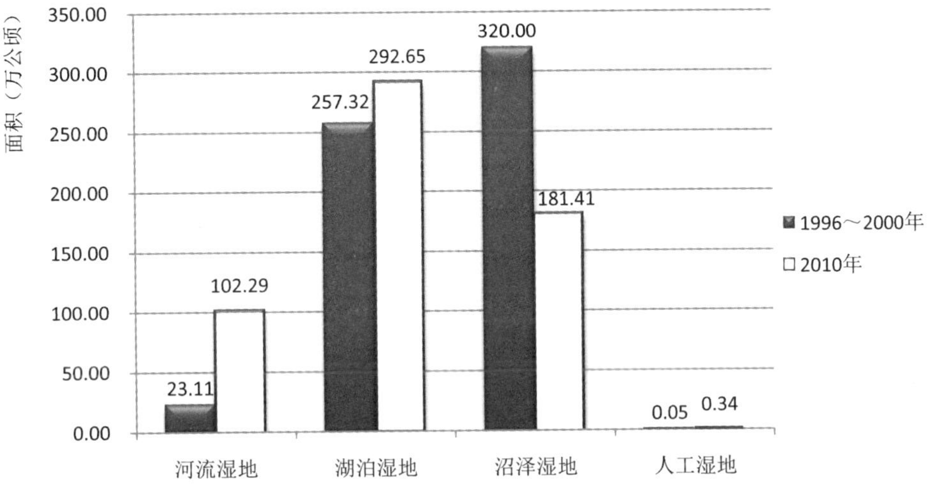

图 **5-2**　**100** 公顷以上湿地资源调查结果比较

如果只统计面积 100 公顷以上的湿地，与第一次湿地调查结果相比，第二次湿地调查湿地面积略有减少，各湿地类型面积有较大变化。

3.1　河流湿地比较及原因分析

第二次湿地调查，河流湿地面积比第一次增加 79.18 万公顷。主要原因是，虽然两次调查的河流湿地范围相同，均为宽度 10 米以上、长度 5 公里以上的河流湿地，但第一次调查主要是利用地形图勾绘和结合统计资料进行，而西藏自治区河流分布范围广泛，造成众多河流遗漏；而本次调查采用遥感卫片与地形图结合判读的方式，特别是通过现地核实，使得河流湿地面积有较大增加。

3.2　湖泊湿地比较及原因分析

第二次湿地调查，湖泊湿地面积比比第一次增加了 35.33 万公顷，这主要是由于本次调查采用遥感卫片与地形图结合判读的方式，通过现地核实，使湖泊面积更加精确。其次，由于近年来受全球气候变暖的影响，冰川和冻土消融较快，造成部分湖泊湿地面积扩大。

3.3 沼泽湿地比较及原因分析

第二次调查和第一次调查相比，沼泽湿地面积下降138.59万公顷，这主要是由于第一次调查对沼泽湿地图斑区划较粗，沼泽湿地中包括了大面积的草甸和植被盖度不足20%的盐碱滩；其次，近年来部分沼泽湿地受水源补给和过度放牧影响，出现退化。

3.4 人工湿地中的库塘湿地比较及原因分析

第二次湿地调查，库塘湿地面积比第一次增加了0.29万公顷，这主要是近年来西藏加强了水利和电力工程建设，新修建了一批库塘湿地。

第六章 湿地保护管理

第一节 湿地保护管理现状

根据第二次湿地调查数据，西藏湿地面积652.90万公顷，湿地率为5.31%。近年来，西藏自然湿地保护初见成效，截至2010年年底，全区涉及湿地的国家级自然保护区8处，涉及湿地的自治区级自然保护区11处，建立国家湿地公园5处，总面积达4061.92万公顷，其中保护湿地面积约330.94万公顷，湿地保护率68.10%。区内聂荣、安多沼泽湿地、那曲沼泽湿地、班戈东部湖群区沼泽、马泉河、大竹卡、玛尔盖茶卡、打加错、乌马曲沼泽湿地、羊八井沼泽湿地已列入《中国湿地保护行动计划》我国重要湿地名录。玛旁雍错、麦地卡自治区级自然保护区于2005年列入国际重要湿地名录，湿地保护工作逐步走入正轨。

1 湿地保护越来越得到政府的重视

西藏自治区政府对湿地资源保护比较重视，2004年，《西藏自治区人民政府办公厅关于加强湿地保护管理的通知》指出：各级政府要进一步明确湿地生态系统在国家生态安全体系和西藏社会经济可持续发展中的重大作用，要把加强湿地保护，恢复湿地功能，作为改善生态状况和全面建设小康社会的一件大事，予以高度重视，切实抓紧抓好。2005年，中共中央、国务院在《关于进一步做好西藏发展稳定工作的意见》中明确指出：将西藏纳入国家生态环境重点治理区域，构建西藏高原生态安全屏障。《西藏自治区"十一五"时期国民经济和社会发展规划纲要》提出：抓住中央把西藏列入全国生态环境重点治理区域的有利时机，重点实施西藏高原国家生态安全屏障保护与建设工程。2006年，西藏自治区人民政府组织编制了《西藏高原国家生态安全屏障保护与建设规划》，国务院在2009年2月18日，第五十次常务工作会议上通过了《西藏生态安全屏障的保护和建设规划》，将西藏生态安全屏障保护和建设工程确定为国家的重点工程。提出，用近5个五年规划的时间实施三大类十项生态环境保护和建设工程，湿地保护与恢复工程列入其中。

1996~2000年，国家林业局组织开展第一次全国湿地资源调查，初步摸清了西藏自治区湿地资源基本状况，为湿地保护管理部门科学制定管理规划奠定了基础。2010年，西藏自治区人民政府正式批准了西藏桑桑、西藏昂孜错—马尔下错、西藏然乌湖3个自治区级湿地自然保护区。

此外，西藏还新建了玛旁雍错、麦地卡等 7 处自治区级湿地自然保护区，涉及湿地面积 31.63 万公顷；新建多庆错、雅尼、嘎朗、当惹雍错、嘉乃玉错等 5 处国家湿地公园，涉及湿地面积 10.43 万公顷，填补了西藏湿地自然保护区和国家湿地公园的空白。其中，玛旁雍错和麦地卡湿地被列入国际重要湿地名录。

2 湿地保护工作步入法制轨道

为了更好地保护西藏的湿地资源，在自治区党委、政府高度重视下，《西藏自治区湿地保护条例》已于 2011 年 3 月 1 日起正式颁布实施，这标志着西藏将依法保护区内湿地资源。条例包括建立湿地资源档案；对退化的湿地采取补水、限牧、退耕、封育等措施进行恢复；禁止擅自排放湿地水资源及开耕湿地；禁止排放有毒有害物质或倾倒固体废弃物；禁止捡拾鸟卵或破坏鸟卵等共 38 条。该条例的颁布实施，不仅使西藏湿地资源保护工作有法可依，而且将极大地提高西藏各族各界群众对湿地保护重要性的认识，为构建国家生态安全屏障、保护好西藏的碧水蓝天和增加农牧民群众收入发挥积极作用。

3 加大了宣传打击力度，提高了全民保护意识

近年来，西藏自治区加大了对湿地保护的宣传保护力度，开展了形式多样的宣传教育和科学普及活动，积极争取宣传等相关部门的支持，通过自治区、地(市)、县三级的电视、报纸、广播等媒体利用“普法日”“动物日”“湿地日”以及当地民俗节假日等关键时间节点，同频共振在主要街道、场所等区域，通过悬挂横幅、张贴墙报、发放资料、现场讲解、行风热线等方式，共开展了 184 次集中时段宣传活动。印发了藏汉文版《西藏湿地保护条例》《西藏湿地宣传册》文本、光盘等共计 106177 份。其中，在自治区“两会”期间向“两会”代表和委员发放宣传册 1700 份。通过自治区强基惠民办向全区 5451 个驻村工作组发送保护宣传材料 11200 份。在拉萨旅游黄金时节，租用游人密集的布达拉宫广场附近的电子屏幕播放了为期 3 个多月的题为“呵护绿色高原，建设生态西藏”宣传片，深度介绍西藏林业和湿地保护事业取得的显著成效。同时，不断巩固湿地保护成效。针对个别地方出现开垦、毁湿等破坏湿地资源的行为，及时成立了由林业、国土、环保、农牧、水利等相关部门为成员的专项行动联合小组，对违法行为进行全面清查，严肃查处和制止破坏湿地资源的违法行为。

为进一步加强西藏湿地保护工作，依法推进湿地保护工作进程，2013 年 6 月 14 日至 7 月 4 日，西藏自治区林业厅联合自治区人大常委会对全区《西藏自治区湿地保护条例》贯彻实施情况进行了执法检查。通过以上工作的开展，使公众对湿地的认识逐步加深，对湿地保护的关注日益增多，湿地概念和功能得到公众越来越多的重视，参与湿地保护的意识越来越强。

另外，随着社会经济的发展和生活水平的提高，公众对湿地的主动关注和参与意识明显提高。近年来，区人大代表、政协委员相继提出了《关于切实加强西藏自治区湿地保护的建议》《关于开展湿地生态补偿的建议》《关于大力推广人工湿地技术，处理城镇生活污水的议案》。

4 机构队伍建设逐步得到加强

《西藏自治区人民政府办公厅关于加强湿地保护管理的通知》(藏政办发〔2004〕50 号)规定，

加强湿地保护管理是生态建设的重要内容之一，是林业行政主管部门的重要职责。各级政府和林业主管部门要认真学习和贯彻落实《国务院办公厅关于加强湿地保护管理的通知》和全国湿地保护管理工作会议精神，结合本地区的实际情况，认真研究进一步加强湿地保护管理工作的措施和方法，要把湿地保护放在生态建设的重要位置，真正重视湿地保护和湿地恢复工作。2009 年，西藏自治区人民政府三定方案，明确了西藏自治区林业厅负责西藏湿地保护管理，同时牵头和组织协调工作，并在自治区林业厅加挂了西藏湿地保护管理办公室(挂靠保护处)的牌子，对于涉及的湿地自然保护区、管理局设在各地、县级林业局，有专人管理。

5 湿地保护投入逐年增加

西藏生态安全屏障规划中对玛旁雍错湿地保护区、班公错湿地保护区、然乌湖湿地保护区、洞错湿地保护区、昂孜错—玛尔下错湿地保护区、扎日南木错湿地保护区、桑桑湿地保护区、日喀则城郊湿地、麦地卡湿地、拉萨周边湿地实行湿地保护与建设工程。西藏生态安全屏障湿地保护与建设总投资为 31800 万元，其中，2008 ~ 2010 年期间已投资 10095. 40 万元，2011 ~ 2015 年期间计划投资 21704. 1 万元，目前正在实施之中。

2011 年，国家已批复 900 万元，用于麦地卡和玛旁雍错 2 块国际重要湿地保护的补助。2012 年，国家批复 600 万元，用于雅江中游、多庆错和年楚河 2 块重要湿地的保护补助。由于西藏特殊的气候和地理条件，加之资金到位较晚等原因，目前这些项目正在组织实施中。同时，为争取和落实好财政部、国家林业局湿地保护补助政策，自治区林业厅组织编制了《西藏湿地保护奖励机制(试点)实施方案》，总投资 4000 万元。日前，该方案已经通过评审，并报送自治区财政厅，有望近年实施。

另外，西藏把实施湿地保护与恢复相关工程，作为确保西藏生态良好和建设生态文明、美丽中国、美丽西藏的重要实践。在《全国湿地保护工程实施规划(2005 ~ 2010 年)》中，西藏有 12 块湿地列入，在《西藏生态安全屏障保护与建设规划(2008 ~ 2030 年)》中有 11 块湿地列入。截至目前，已实施了各类湿地保护与恢复工程 14 项，落实资金 19130. 89 万元。其中，湿地保护与恢复工程 7 项，落实资金 17073. 89 万元；国际重要湿地监测站工程 2 项，落实资金 557 万元；湿地保护补助资金建设项目 5 项，落实资金 1500 万元。共实施沼泽封育 10438 公顷，植被恢复 9818 公顷。这些湿地大多位于西藏“高、寒、干”的生态环境脆弱区域，对保障区域生态安全、维护高原生物多样性和维系区域社会经济系统安全具有重要意义。

第二节 存在的主要问题

西藏自治区湿地资源丰富，但是湿地资源现状不容乐观，而且湿地保护事业起步晚，湿地保护管理能力整体薄弱。西藏虽然在湿地保护领域取得了显著成绩，建立了与保护湿地相关的数十个自然保护区和湿地公园，但由于历史原因和区情特点，目前对湿地资源的破坏仍比较严重，今后的湿地保护工作还面临很多实际问题，其主要表现如下。

1 社会缺乏保护湿地的意识

湿地虽然与人们的生活密切相关，但由于湿地这一概念是近几十年才引入，因此，公众对湿地概念、价值和功能，及其在经济社会可持续发展中的重要性仍缺乏足够的认识。即使近年来对湿地的各种报道宣传逐渐增多，但民众甚至有些地方领导对湿地的各种功能和价值仍缺乏全面了解，对湿地保护意义认识不足，认识不强，使湿地保护工作缺乏群众基础及地方政府支持。

2 管理机构不够健全

虽然《西藏自治区湿地保护条例》已颁布，2011 年 3 月 1 日起正式实施，但国家关于湿地保护和利用的专业性法律、法规还未出台。在国家土地分类中没有把湿地作为一个专门的土地类型，而是把湿地中的河流、湖泊归类为不同的土地类型，至于自然湿地中很重要的沼泽湿地则归类为未开发利用地或牧草地等，从客观上加速了对沼泽湿地的开发，而完全忽视了这些重要湿地拥有的巨大生态功能和社会效益。湿地保护和管理只能根据相关法规来开展。在很多宏观规划中无法把湿地作为重点保护对象纳入国家的保护范围，也没有明确的管理部门。湿地保护管理工作开展困难，而且这些相关法规之间存在一些冲突，增加了依法管理的难度。西藏自治区湿地保护条例刚刚施行，但由于认识、管理等原因仍存在难以依法行政等问题，湿地破坏现象时有发生。

截至目前，虽然在自治区设立了湿地保护管理机构，但没有人员编制，挂靠在自治区林业厅野生动物保护与自然保护区管理处。地(市)、县层面上除日喀则地区已经批复设立湿地保护管理机构之外，其他地(市)、县由于种种原因，没有设立专门的湿地保护管理机构。且编制紧缺，使得各地(市)、县和重要湿地依法管理能力十分薄弱，宣教、科研和监测基本处于空白，现状形势非常不利于西藏湿地资源的保护和管理。近年来，随着国家和自治区对湿地保护和恢复工程投入的日趋加大，特别是湿地效益补偿机制即将全面推开，西藏湿地保护事业迎来了前所未有的大好机遇，同时，也面临巨大的挑战。全区湿地保护基础工作薄弱，管理、技术队伍和机构发展严重滞后的现状，已成为制约湿地保护事业跨越式发展的主要瓶颈之一。

3 缺乏部门间的合作与协调

湿地是多资源组成的资源复合体，湿地保护管理涉及的利益部门众多。西藏自治区涉及湿地管理的部门有林业、环保、水利、农业、国土等多个部门，这与湿地作为一个生态系统提出来并纳入政府日常管理工作的时间太晚有关系。不同地区和部门在湿地开发利用方面存在各行其是、各取所需的现象，如牧业、旅游、捕鱼、养殖等都向湿地要产品要效益，而出现问题难以协调解决。要素式、部门分割式管理模式体制与湿地生态系统本身的特性不相适应，割裂了管理的系统性，造成湿地往往作为草场承包给牧民，保护与围垦、旅游开发、水利防洪设施建设、地下水开采、水资源调配等诸多行为产生冲突。

林业部门牵头与组织协调的职责难于落实，很难协调各相关部门基于部门利益对湿地的各种管理需求，导致责任和义务分离，管理权利分割，很大程度上制约了湿地保护工作的有效开展。

4 湿地保护体系不完善

西藏自治区虽然已经相继建立了一批湿地保护区和湿地公园，但由于缺乏总体规划，保护区和湿地公园的布局不合理，绝大多数重点湿地区域仍未建立保护区或湿地公园，覆盖西藏重点湿地的保护体系仍未形成，一些重要的湿地面临多种威胁，急需通过建立保护区和湿地公园来加强保护。由于投入不足，一些已经建立的湿地保护区缺乏专业人才，保护体系落后，甚至有的是批而不建，没有专门的机构和人员，导致湿地保护体系的不完善。

5 湿地科研监测技术落后

我国湿地利用历史由来已久，湿地管理和科研却起步较晚，对湿地的系统研究相对滞后和薄弱。现有湿地研究多局限于湿地功能、现状评估、湿地基本生态过程等；对湿地的监测主要局限于对水质污染、水文、关键物种等个别指标的监测；监测设备和手段较落后。

由于缺乏资金投入和技术支持，西藏还没有开始湿地监测站点建设，使湿地管理决策缺乏依据，导致管理不到位。

6 局部湿地景观丧失和生态环境恶化

经济的快速发展和人口的增长，不合理的开发利用，使湿地正遭受破坏和面临严重威胁，导致天然湿地面积锐减，湿地景观严重丧失。资源利用过度，生物多样性受损。由于湿地的过度放牧开发，导致湿地动植物生存环境的改变和破坏，使局部地区越来越多的生物物种，特别是珍稀生物失去生存空间而受到威胁。物种多样性减少而使生态系统趋向简化，使系统内能流和物流中断或不畅，削弱了生态系统自我调控能力，降低了生态系统的稳定性和有序性。

如，过去50年拉萨城市用地变化进程表明，拉鲁湿地面积在1959年为1000公顷左右，到1965年减至864公顷，1999年进一步缩减到548.07公顷，减少了约40%。1991～1992年，在拉鲁湿地修建的贯穿东西的中干渠造成湿地排水迅速，导致湿地旱化和沙化。在近40年来人为干扰下，植被群落由芦苇群落演替为小花灯心草—槽秆荸荠群落，植被高度由1.0～1.2米变为0.1～0.2米。虽然近年建立了自然保护区后采取了一些湿地恢复措施控制了旱化和沙化(本次调查结果拉鲁湿地面积为672.62公顷)但湿地植被尚待恢复。

湿地生态功能下降。西藏大部分湿地区工业废水排放较少，但随着工农业生产的发展和城市建设的扩大，交通干线和城镇区的工业废水、废渣、生活污水和化肥、农药等有害物质排放，在一定程度上污染和破坏了湿地生态系统，降低了湿地的各种价值。

有少部分湿地实际上已成为工农业、生活废水、废渣的承泄区。西藏湿地污染仅局限于人员聚集区周边，面积较少。

7 放生习俗使得外来物种对原生物种产生影响

近年来，内地许多鱼种空运到拉萨或其他城镇的市场后，当地居民有买来放生的习俗，有些内地鱼种如鲫鱼等已在西藏许多湿地繁殖，对原生鱼类产生一定的影响。对湿地生态平衡的利弊状况，有待进一步监测。

8 保护压力持续加大

由于西藏高原特殊的“高、寒、干”自然条件，湿地缺乏应有的调节机制，一旦受到外界的干扰，很难恢复，甚至不能恢复。加之西藏属欠发达地区，经济社会发展对交通、能源、资源的需求增长迅猛，随着城市化进程的加快，近郊的湿地被大量围垦或填埋用于满足城市建设用地需要，导致湿地不断萎缩。如日喀则市城郊湿地原有 27.74 公顷，现仅有 14 公顷。随着工农业生产的发展和城市建设的扩大，交通干线和城镇区的工业废水、废渣、生活污水和化肥、农药等有害物质的排放，在一定程度上污染和破坏了湿地生态系统，降低了湿地的各种价值。水资源利用不合理，导致湖泊干涸、沙化严重等情况不断出现，如多庆错 9000 多公顷水域已基本干涸。同时，随着全球气候变暖，部分地区雨量减少、雪线上升，一些湖泊、江河水域面积萎缩。如山南哲古湖面积一年内萎缩了 1600 公顷。以上自然和人为因素的影响对西藏湿地保护的压力日趋加大。

9 工程建设投入不足

资金投入不足是当前西藏湿地保护中面临的突出问题。截至目前，西藏湿地保护与恢复工程国家投入不到 2 个亿，这与西藏丰富的湿地资源地位极不相符。由于缺乏资金投入，致使西藏绝大部分湿地的各类保护设施基本处于空白。其次，湿地保护与恢复工程投资标准偏低。鉴于西藏特殊的气候和地理条件，工程预算时间和实际执行时间一般存在较大的差距，导致了实际市场物价和人力成本的上涨。同时，西藏大部分湿地保护与恢复工程平均海拔在 4000 米以上，道路崎岖，材料运输成本和人力成本都很高，致使工程造价偏高。目前正在实施的湿地保护与恢复工程投资只能占到实际建设成本的 60% 左右。

第三节 湿地保护管理建议

1 加强宣传教育，调动全社会保护湿地的积极性

针对目前公众对湿地普遍缺乏认识这一现状，加大对湿地等生态环境保护的宣传力度，形成政府重视、媒体关注、公众参与的多形式，多渠道宣传方式，增加西藏环境法制观念和湿地保护参与意识，促进湿地保护管理主流化，使公众将湿地保护纳入日常生活，使政府能将湿地保护管理纳入常规决策。提高各级领导和干部、群众对保护湿地的认识，使大家认识到保护湿地资源和合理利用资源是关系到人类生存与发展的大事。结合湿地自然保护区或湿地公园建设、湿地保护与恢复项目的实施，充分展示湿地的功能和价值，增加公众对湿地的认识。结合湿地保护体系、湿地监测体系的布局，合理布局，建立湿地科普宣教中心，加强湿地科普教育。

2 加强湿地保护法律法规的建设和实施

西藏自治区应加强湿地保护相关法律法规的建设和实施，如湿地保护、野生动物、植物保护

和自然保护区管理等方面的法律法规，使包括湿地在内的保护管理有法可依。通过湿地保护法律法规，建立合理的湿地管理体制，依法严厉打击破坏湿地生态与湿地资源的各种违法行为，坚决遏制在湿地保护区内修建非法建筑、开垦湿地等侵占湿地现象的发生。禁止在湿地保护范围内采沙、采石、采矿、开挖草皮、排放有毒有害物质。与此同时，严格按照2011年3月1日实施的《西藏自治区湿地保护条例》内的相关条款实施保护，结合西藏湿地存在的问题，由上而下，统一抓起，结合保护条例，逐步实现西藏湿地保护有法可依，达到湿地的有效保护和利用。

3 制定保护与合理利用湿地资源规划

在湿地资源调查成果的基础上，根据湿地生态系统的代表性、自然性、稀有性、脆弱性及受威胁程度，制定湿地资源保护与开发利用的长远规划和湿地价值及效益的环境质量评估方法、指标体系，确定西藏最重要和最优先保护的湿地类型及区域。完善《西藏自治区湿地保护总体规划》和《"十二五"实施规划》，对西藏湿地保护进行全面科学规划，确定保护、开发利用的总体方略，争取将湿地保护纳入西藏国民经济发展总体规划，并予以稳定的投入支持。

4 建立完善的湿地自然保护和环境监测网络体系

在完善现有湿地保护区、湿地公园建设和管理的同时，合理规划，在重要湿地区域抢救性地建立一批湿地保护区或者湿地公园，将重要的湿地资源基本保护起来，形成比较完善的湿地生态保护体系。根据湿地分布规律，结合湿地保护区、湿地公园建设，建立基本覆盖西藏重要湿地的监测网络，开展西藏湿地资源状况全方位监测，建立以拉萨为中心的西藏湿地监测网络。充分利用现有相关监测站的作用，对重要湿地进行必需的评价和监测，采用新技术、新手段，建立基础的信息管理系统和专家预测预报系统，为湿地的长期监测、科学管理和合理开发利用提供实时的数据信息支持及科学决策的依据。以下是西藏湿地保护拟建设项目。

4.1 拟优先建设项目

4.1.1 现有国际重要湿地

根据《湿地公约》确定的国际重要湿地标准，西藏已列入《湿地公约》国际重要湿地名录的有玛旁雍错、麦地卡2处湿地，目前为自治区级湿地自然保护区。

4.1.2 现有国家重要湿地

打加错、大竹卡、那曲沼泽(怒江源)湿地、聂荣安多沼泽湿地、班戈东部湖区、马泉河、羊八井沼泽湿地等7处。

4.2 拟申报湿地

4.2.1 拟申报国际重要湿地

根据相关规定，凡是符合基本条件和《湿地公约》标准之一的，可提出申请列入国际重要湿地名录。西藏自治区拟将以下4处湿地申报国际重要湿地：色林错及周边沼泽湿地、那曲沼泽(怒江源)湿地、纳木错湿地、马泉河。

4.2.2 国家重要湿地

根据湿地功能和效益的重要性，符合国家重要湿地标准7条之一者，可视为具有国家重要意义的湿地。拟将以下8处湿地申报国家重要湿地：班戈东部湖区、雅江中游湿地、哲古错湿地、年楚河湿地、多布扎湿地、夯错湿地、拉妥湿地、拉姆拉错湿地。

5 强化湿地保护管理及湿地研究

加大对湿地科研的投入，加强和组织科研院所对西藏湿地开展相关研究。如湿地的分布、发生、演化规律和湿地生态系统结构与功能研究；高原湿地对全球变化的响应以及自然湿地和人工湿地的研究；地理和地质环境、湿地生态过程、湿地价值和功能、合理利用模式、示范区建设等方面科学研究；特别是在湿地领域的前瞻性研究。加强应用技术研究，包括湿地保护技术、持续利用技术及管理技术，以及人类活动对湿地的影响研究。加强湿地的开发利用模式、湿地生态系统退化机制以及退化湿地的整治、恢复与重建技术研究。为湿地的保护和合理利用提供科学依据。

加强对湿地保护与恢复项目、湿地自然保护区和湿地公园建设的科技支撑，提高建设质量和管理水平；成立湿地保护管理专家委员会，为湿地保护管理的方针、政策、法规的制定、湿地保护区建设等湿地保护管理提供技术支持；加强对湿地区重点工程的科技支撑等。

6 建立健全各级湿地保护管理机构

任何一项事业的发展必需有专门的机构和专业的人员队伍。一方面要建立区、市、县各级湿地保护管理专门的机构并明确职责；另一方面要配备专业的管理人才，加强对各级保护管理人员的能力培训，不断提高队伍思想素质和业务素质。对于湿地保护区和湿地公园，要建立专门的管理机构，其建设和管理要强化科技支撑，并加强专业化管理。

7 建立湿地保护管理跨流域和行政区域协作机制

行政区域是人为的地理区域划分，而生态系统内或之间物质、能量流动和信息交流没有行政区域的限制。湿地生态系统之间常通过水系等生态廊道或生物信息交流而彼此影响，局部保护和合理利用不足以保护整个湿地生态系统。湿地生物多样性保护除了着力缓解或消除行政区域内围垦、污染、过度利用等对湿地的威胁因素，加强各相对独立的湿地生态系统的保护与恢复外，还必须在综合评估西藏湿地资源、突破行政区划概念，加强行政区域之间的合作和交流，统一环境保护政策，建立协调沟通机制，统筹规划西藏湿地资源保护，消除或缓解威胁因素等方面予以重视。

8 加强湿地保护体系建设和坚持可持续发展

完善湿地保护体系建设是加强湿地保护的一个重要手段和有效措施。应建立以湿地保护区为主体，以湿地公园、湿地保护小区为辅的湿地保护体系，同时，加大对森林公园、地质公园、风景名胜区等湿地的保护，实现湿地可持续发展。西藏已建立多处国家级和自治区级保护区，如拉鲁国家级湿地自然保护区和纳木错自治区级湿地自然保护区等，但无论是在湿地保护区的数量与规模上，都与西藏的湿地生态系统极不吻合。今后要逐步加大湿地自然保护区的建设力度，建立起布局合理、类型齐全、重点突出、面积适宜的湿地生态保护体系，制定统一的湿地类型保护管理标准，提高湿地保护区管理的规范化水平，推进西藏湿地保护事业进一步发展。

湿地与人类的生活密切相关，对湿地不能一味地开发破坏，也不能一味地保护。对于湿地保护与利用，应做到在保护中利用，在利用中保护，促进湿地保护的可持续发展。

9　加强政府对湿地的投入力度，广开筹资渠道

资金严重不足是影响西藏高原湿地保护与管理工作的主要问题。建议国家和各级政府加大对湿地保护与开发的资金投入，设立高原湿地保护专项基金，并充分运用市场机制，广开筹资渠道，争取社会各方面的投资、融资、捐赠和国际合作，全面推动湿地保护和合理利用的社会化进程。

附录1 西藏湿地调查区域植物名录

序号	科	属	种	
			中文名	拉丁名
一、苔藓植物				
1	泥炭藓科	泥炭藓属	密叶泥炭藓	*Sphagnum compactum*
2			拟狭叶泥炭藓	*Sphagnum cuspidatulum*
3			长叶泥炭藓	*Sphagnum falcatulum*
4			白齿泥炭藓	*Sphagnum girgensohnii*
5			暖地泥炭藓	*Sphagnum junghuhnianum*
6			加萨泥炭藓	*Sphagnum khasianum*
7			多纹泥炭藓	*Sphagnum multifibrosum*
8			尖叶泥炭藓	*Sphagnum nemoreum*
9			卵叶泥炭藓	*Sphagnum ovatum*
10			泥炭藓原亚种	*Sphagnum palustre* ssp. *palustre*
11			泥炭藓密枝亚种	*Sphagnum palustre* ssp. *pseudocymhifolium*
12			喙叶泥炭藓原变种	*Sphagnum recurvum* var. *recurvum*
13			广舌泥炭藓	*Sphagnum robustum*
14			细叶泥炭藓	*Sphagnum teres*
15	凤尾藓科	凤尾藓属	大叶凤尾藓	*Fissidens grandifrons*
16	曲尾藓科	小曲尾藓属	小曲尾藓	*Dicranella grevilleana*
17			细叶小曲尾藓	*Dicranella micro-divariata*
18		扭柄藓属	扭柄藓	*Campylopodium medium*
19		曲柄藓属	阔叶曲柄藓原变种	*Campylopus handelii* var. *handelii*
20		青毛藓属	丛叶青毛藓	*Dicranotontium caespitosum*
21		曲尾藓属	林芝曲尾藓	*Dicranum linzianum*
22			细叶曲尾藓	*Dicranum muehlenbeckii*
23			波叶曲尾藓	*Dicranum polysetum*
24	大帽藓科	大帽藓属	大帽藓	*Encalypta vulgaris*
25	真藓科	真藓属	丛生真藓	*Bryum caespiticium*
26	柳叶藓科	水灰藓属	扭叶水灰藓	*Hygrohypnum eugyrium*
27			水灰藓	*Hygrohypnum luridum*
28			褐黄水灰藓	*Hygrohypnum ochraceum*
29			钝叶水灰藓	*Hygrohypnum smithii*
30		湿原藓属	湿原藓	*Calliergon cordifolium*

（续）

序号	科	属	种	
			中文名	拉丁名
二、维管束植物				
（一）蕨类植物				
1	木贼科	木贼属	节节草	*Hippochaete ramosissimum*
2		问荆属	问荆	*Equisetum arvense*
3			犬问荆	*Equisetum palustre*
4	蕨科	蕨属	蕨	*Pteridium aquilinum* var. *latiusculum*
5	铁线蕨科	铁线蕨属	铁线蕨	*Adiantum capillus - veneris*
6	乌毛蕨科	乌毛蕨属	乌毛蕨	*Blechnum orientale*
7	满江红科	满江红属	满江红	*Azolla imbricata*
（二）裸子植物				
1	松科	冷杉属	苍山冷杉	*Abies delavayi*
2			墨脱冷杉	*Abies delavayi* var. *motuoensis*
（三）被子植物				
1	三白草科	蕺菜属	蕺菜	*Houttuynia cordata*
2	杨柳科	杨属	银白杨	*Populus alba*
3			缘毛杨	*Populus ciliata*
4			藏川杨	*Populus szechuanica* var. *tibetica*
5			新疆杨	*Populus alba* var. *pyramidalis*
6		柳属	白柳	*Salix alba*
7			垂柳	*Salix babylonica*
8			班公柳	*Salix bangongensis*
9			旱柳	*Salix matsudana*
10			乌柳	*Salix cheilophila*
11			大红柳	*Salix cheilophila* var. *microstachyoides*
12			栅枝垫柳	*Salix clathrata*
13			毛缝腹毛柳	*Salix delavayana* var. *pilososuturalis*
14			林柳	*Salix driophila*
15			长蕊柳	*Salix longistamina*
16			坡柳	*Salix myrtillacea*
17			康定柳	*Salix paraplesia*
18			左旋柳	*Salix paraplesia* var. *subintegra*

（续）

序号	科	属	种	
			中文名	拉丁名
19	杨柳科	柳属	类四腺柳	*Salix paratetradenia*
20			近硬叶柳	*Salix sclerophylloides*
21			绢果柳	*Salix sericocarpa*
22			多花小垫柳	*Salix serpyllum*
23			锡金柳	*Salix sikkimensis*
24			巴郎柳	*Salix sphaeronymphe*
25			亚东毛柳	*Salix yadongensis*
26			秋华柳	*Salix variegata*
27			皂柳	*Salix wallichiana*
28	荨麻科	水麻属	水麻	*Debregeasia orientalis*
29	蓼科	山蓼属	山蓼	*Oxyria digyna*
30		大黄属	掌叶大黄	*Rheum palmatum*
31			头序大黄	*Rheum globulosum*
32			穗序大黄	*Rheum spiciforme*
33			卵果大黄	*Rheum moorcroftianum*
34		冰岛蓼属	冰岛蓼	*Koenigia islandica*
35		酸模属	尼泊尔酸模	*Rumex nepalensis*
36			紫茎酸模	*Rumex angulatus*
37			戟叶酸模	*Rumex hastatus*
38		蓼属	长箭叶蓼	*Polygonum hastatosagittatum*
39			萹蓄	*Polygonum aviculare*
40			糙毛蓼	*Polygonum strigosum*
41			细穗支柱蓼	*Polygonum suffultum* var. *pergracile*
42			圆穗蓼	*Polygonum macrophyllum*
43			酸模叶蓼	*Polygonum lapathifolium*
44			柔茎蓼	*Polygonum tenellum* var. *micranthum*
45			火炭母	*Polygonum chinense*
46			水蓼	*Polygonum hydropiper*
47			泊蓼	*Polygonum nepalense*
48			冰川蓼	*Polygonum glaciale*
49			叉枝蓼	*Polygonum tortuosum*
50			珠芽蓼	*Polygonum viviparum*
51			西藏蓼	*Polygonum tibeticum*
52			西伯利亚蓼	*Polygonum sibiricum*

（续）

序号	科	属	种	
			中文名	拉丁名
53	蓼科	蓼属	细叶西伯利亚蓼	*Polygonum sibiricum* var. *thomsonii*
54			钟花蓼	*Polygonum campanulatum*
55		小果滨藜属	小果滨藜	*Microgynoecium tibeticum*
56		滨藜属	中亚滨藜	*Atriplex centralasiatica*
57		虫实属	粗喙虫实	*Corispermum dutreuilii*
58			藏虫实	*Corispermum tibeticum*
59			帕米尔虫实	*Corispermum pamiricum*
60			镰叶虫实	*Corispermum falcatum*
61			拉萨虫实	*Corispermum lhasaense*
62			鳞果虫实	*Corispermum lepidocarpum*
63		藜属	菊叶香藜	*Chenopodium foetidum*
64			灰绿藜	*Chenopodium glaucum*
65			平卧藜	*Chenopodium prostratum*
66		雾冰藜属	雾冰藜	*Bassia dasyphylla*
67		碱蓬属	角果碱蓬	*Suaeda corniculata*
68		盐生草属	盐生草	*Halogeton glomeratus*
69			西藏盐生草	*Halogeton glomeratus* var. *tibeticus*
70		猪毛菜属	单翅猪毛菜	*Salsola monoptera*
71			尼泊尔猪毛菜	*Salsola nepalensis*
72			刺沙蓬	*Salsola tragus*
73	石竹科	漆姑草属	无毛漆姑草	*Sagina saginoides*
74			漆姑草	*Sagina japonica*
75		鹅肠菜属	鹅肠菜	*Myosoton aquaticum*
76		卷耳属	喜泉卷耳	*Cerastium fontanum*
77			藏南卷耳	*Cerastium thomsonii*
78			缘毛卷耳	*Cerastium furcatum*
79		无心菜属	山居雪灵芝	*Arenaria edgeworthiana*
80			黑蕊无心菜	*Arenaria melanandra*
81			西南无心菜	*Arenaria forrestii*
82			藏西无心菜	*Arenaria stracheyi*
83			波密无心菜	*Arenaria bomiensis*
84			漆姑无心菜	*Arenaria saginoides*
85			安多无心菜	*Arenaria amdoensis*
86		繁缕属	米林繁缕	*Stellaria mainlingensis*
87			箐姑草	*Stellaria vestita*

（续）

序号	科	属	种	
			中文名	拉丁名
88	石竹科	繁缕属	绵毛繁缕	*Stellaria lanata*
89			伞花繁缕	*Stellaria umbellata*
90			禾叶繁缕	*Stellaria graminea*
91			卵叶繁缕	*Stellaria ovatifolia*
92		囊种草属	囊种草	*Thylacospermum caespitosum*
93		孩儿参属	西藏孩儿参	*Pseudostellaria tibetica*
94		狗筋蔓属	狗筋蔓	*Cucubalus baccifer*
95		蝇子草属	印度蝇子草	*Silene indica*
96			冈底斯山蝇子草	*Silene moorcroftiana*
97			云南蝇子草	*Silene yunnanensis*
98	睡莲科	睡莲属	白睡莲	*Nymphaea alba*
99			睡莲	*Nymphaea tetragona*
100	金鱼藻科	金鱼藻属	金鱼藻	*Ceratophyllum demersum*
101	毛茛科	驴蹄草属	驴蹄草	*Caltha palustris*
102			花葶驴蹄草	*Caltha scaposa*
103		金莲花属	小金莲花	*Trollius pumilus*
104			青藏金莲花	*Trollius pumilus* var. *tanguticus*
105			毛茛状金莲花	*Trollius ranunculoides*
106		乌头属	船盔乌头	*Aconitum naviculare*
107		翠雀属	迭裂翠雀花	*Delphinium nordhagenii*
108			唐古拉翠雀花	*Delphinium tangkulaense*
109		唐松草属	高山唐松草	*Thalictrum alpinum*
110			芸香叶唐松草	*Thalictrum rutifolium*
111			石砾唐松草	*Thalictrum squamiferum*
112		银莲花属	二歧银莲花	*Anemone dichotoma*
113			卵叶银莲花	*Anemone begoniifolia*
114			条叶银莲花	*Anemone trullifolia* var. *linearis*
115		铁线莲属	长花铁线莲	*Clematis rehderiana*
116			西南铁线莲	*Clematis pseudopogonandra*
117			甘青铁线莲	*Clematis tangutica*
118			藏西铁线莲	*Clematis graveolens*
119		毛茛属	云生毛茛	*Ranunculus longicaulis* var. *nephelogenes*
120			深齿毛茛	*Ranunculus pulchellus* var. *stracheyanus*
121			高原毛茛	*Ranunculus tanguticus*
122			毛果毛茛	*Ranunculus tanguticus* var. *dasycarpus*

（续）

序号	科	属	种	
			中文名	拉丁名
123	毛茛科	毛茛属	浮毛茛	*Ranunculus natans*
124	毛茛科	毛茛属	茴茴蒜	*Ranunculus chinensis*
125	毛茛科	毛茛属	铺散毛茛	*Ranunculus diffusus*
126	毛茛科	碱毛茛属	水葫芦苗	*Halerpestes cymbalaria*
127	毛茛科	碱毛茛属	三裂碱毛茛	*Halerpestes tricuspis*
128	毛茛科	碱毛茛属	狭叶碱毛茛	*Halerpestes lancifolia*
129	毛茛科	碱毛茛属	丝裂碱毛茛	*Halerpestes filisecta*
130	毛茛科	水毛茛属	水毛茛	*Batrachium bungei*
131	毛茛科	水毛茛属	黄花水毛茛	*Batrachium bungei* var. *flavidum*
132	罂粟科	紫堇属	糙果紫堇	*Corydalis trachycarpa*
133	罂粟科	紫堇属	黑顶黄堇	*Corydalis nigroapiculata*
134	十字花科	荠属	荠	*Capsella bursa-pastoris*
135	十字花科	藏荠属	藏荠	*Hedinia tibetica*
136	十字花科	双脊荠属	盐泽双脊荠	*Dilophia salsa*
137	十字花科	双脊荠属	无苞双脊荠	*Dilophia ebracteata*
138	十字花科	弯梗芥属	弯梗芥	*Lignariella hobsonii*
139	十字花科	燥原荠属	燥原荠	*Ptilotricum canescens*
140	十字花科	葶苈属	喜山葶苈	*Draba oreades*
141	十字花科	葶苈属	总苞葶苈	*Draba involucrata*
142	十字花科	葶苈属	球果葶苈	*Draba glomerata*
143	十字花科	葶苈属	葶苈	*Draba nemorosa*
144	十字花科	葶苈属	狭果葶苈	*Draba stenocarpa*
145	十字花科	葶苈属	毛葶苈	*Draba eriopoda*
146	十字花科	碎米荠属	山芥碎米荠	*Cardamine griffithii*
147	十字花科	碎米荠属	大叶碎米荠	*Cardamine macrophylla*
148	十字花科	碎米荠属	云南碎米荠	*Cardamine yunnanensis*
149	十字花科	碎米荠属	弯曲碎米荠	*Cardamine flexuosa*
150	十字花科	弯蕊芥属	大花弯蕊芥	*Loxostemon loxostemonoides*
151	十字花科	弯蕊芥属	宽翅弯蕊芥	*Loxostemon delavayi*
152	十字花科	山芥属	羽裂叶山芥	*Barbarea intermedia*
153	十字花科	鼠耳芥属	鼠耳芥	*Arabidopsis thaliana*
154	十字花科	鼠耳芥属	羽裂拟南芥	*Arabidopsis wallichii*
155	十字花科	鼠耳芥属	喜玛拟南芥	*Arabidopsis himalaica*
156	十字花科	蔊菜属	高蔊菜	*Rorippa elata*
157	十字花科	蔊菜属	沼生蔊菜	*Rorippa islandica*

（续）

序号	科	属	种	
			中文名	拉丁名
158	十字花科	豆瓣菜属	豆瓣菜	*Nasturtium officinale*
159		糖芥属	外折糖芥	*Erysimum deflexum*
160		山萮菜属	三角叶山萮菜	*Eutrema deltoideum*
161			川滇山萮菜	*Eutrema himalaicum*
162		念珠芥属	短果念珠芥	*Neotorularia brachycarpa*
163			念珠芥	*Neotorularia torulosa*
164		播娘蒿属	播娘蒿	*Descurainia sophia*
165	景天科	红景天属	异鳞红景天	*Rhodiola smithii*
166			四裂红景天	*Rhodiola quadrifida*
167			西藏红景天	*Rhodiola tibetica*
168			喜马红景天	*Rhodiola himalensis*
169			柴胡红景天	*Rhodiola bupleuroides*
170		景天属	铲瓣景天	*Sedum obtrullatum*
171			尖叶景天	*Sedum fedtschenkoi*
172			大炮山景天	*Sedum erici-magnusii*
173			多茎景天	*Sedum multicaule*
174	虎耳草科	金腰子属	山溪金腰	*Chrysosplenium nepalense*
175		虎耳草属	聂拉木虎耳草	*Saxifraga moorcroftiana*
176			山羊臭虎耳草	*Saxifraga hirculus*
177			高山虎耳草	*Saxifraga hirculus* var. *alpine*
178			毛瓣虎耳草	*Saxifraga ciliatopetala*
179			燃灯虎耳草	*Saxifraga lychnitis*
180			小伞虎耳草	*Saxifraga umbellulata*
181		梅花草属	类三脉梅花草	*Parnassia pusilla*
182			三脉梅花草	*Parnassia trinervis*
183			黄花梅花草	*Parnassia lutea*
184			中国梅花草	*Parnassia chinensis*
185			鸡肫草	*Parnassia wightiana*
186	蔷薇科	绣线菊属	毛叶绣线菊	*Spiraea mollifolia*
187			细枝绣线菊	*Spiraea myrtilloides*
188		珍珠梅属	高丛珍珠梅	*Sorbaria arborea*
189		委陵菜属	金露梅	*Potentilla fruticosa*
190			小叶金露梅	*Potentilla parvifolia*
191			二裂委陵菜	*Potentilla bifurca*
192			楔叶委陵菜	*Potentilla cuneata*

（续）

序号	科	属	种	
			中文名	拉丁名
193	蔷薇科	委陵菜属	西南委陵菜	*Potentilla lineata*
194			绢毛委陵菜	*Potentilla sericea*
195			绢毛委陵菜(原变种)	*Potentilla sericea* var. *sericea*
196			多裂委陵菜	*Potentilla multifida*
197			多头委陵菜	*Potentilla multiceps*
198			柔毛委陵菜	*Potentilla griffithii*
199			钉柱委陵菜	*Potentilla saundersiana*
200			蕨麻	*Potentilla anserina*
201		蔷薇属	毛叶蔷薇	*Rosa mairei*
202			腺叶绢毛蔷薇	*Rosa sericea* f. *glandulosa*
203			扁刺蔷薇	*Rosa sweginzowii*
204			绢毛蔷薇	*Rosa sericea*
205		地榆属	矮地榆	*Sanguisorba filiformis*
206			地榆	*Sanguisorba officinalis*
207	豆科	冬麻豆属	冬麻豆	*Salweenia wardii*
208		槐属	砂生槐	*Sophora moorcroftiana*
209			白刺槐	*Sophora davidii*
210		野决明属	披针叶野决明	*Thermopsis lanceolata*
211			高山野决明	*Thermopsis alpina*
212		苜蓿属	毛荚苜蓿	*Medicago edgeworthii*
213		草木犀属	印度草木犀	*Melilotus indicus*
214			草木犀	*Melilotus officinalis*
215		苜蓿属	青海苜蓿	*Medicago archiducis – nicolai*
216			紫苜蓿	*Medicago sativa*
217			天蓝苜蓿	*Medicago lupulina*
218			野苜蓿	*Medicago falcata*
219		紫雀花属	紫雀花	*Parochetus communis*
220		野豌豆属	大花野豌豆	*Vicia bungei*
221			广布野豌豆	*Vicia cracca*
222		鱼鳔槐属	尼泊尔鱼鳔槐	*Colutea nepalensis*
223		雀儿豆属	紫花雀儿豆	*Chesneya nubigena* subsp. *purpurea*
224			刺柄雀儿豆	*Chesneya spinosa*
225		黄耆属	团垫黄耆	*Astragalus arnoldii*
226			山地黄耆	*Astragalus monticola*
227			藏西黄耆	*Astragalus webbianus*

（续）

序号	科	属	种	
			中文名	拉丁名
228	豆科	黄耆属	笔直黄耆	*Astragalus strictus*
229			坚硬黄耆	*Astragalus rigidulus*
230		棘豆属	毛瓣棘豆	*Oxytropis sericopetala*
231			绢毛棘豆	*Oxytropis tatarica*
232			冰川棘豆	*Oxytropis proboscidea*
233			黄花棘豆	*Oxytropis ochrocephala*
234			克什米尔棘豆	*Oxytropis cachemiriana*
235			短序棘豆	*Oxytropis subpodoloba*
236			小叶棘豆	*Oxytropis microphylla*
237			臭棘豆	*Oxytropis chiliophylla*
238			胀果棘豆	*Oxytropis stracheyana*
239	牻牛儿苗科	老鹳草属	甘青老鹳草	*Geranium pylzowianum*
240			甘青老鹳草	*Geranium pylzowianum*
241			长根老鹳草	*Geranium donianum*
242			老鹳草	*Geranium wilfordii*
243	蒺藜科	蒺藜属	蒺藜	*Tribulus terrestris*
244	水马齿科	水马齿属	沼生水马齿	*Callitriche palustris*
245			水马齿	*Callitriche stagnalis*
246	凤仙花科	凤仙花属	无距凤仙花	*Impatiens margaritifera*
247	柽柳科	水柏枝属	匍匐水柏枝	*Myricaria prostrata*
248			秀丽水柏枝	*Myricaria elegans*
249			小花水柏枝	*Myricaria wardii*
250			卧生水柏枝	*Myricaria rosea*
251			宽苞水柏枝	*Myricaria bracteata*
252			具鳞水柏枝	*Myricaria squamosa*
253	堇菜科	堇菜属	羽裂堇菜	*Viola forrestiana*
254	胡颓子科	沙棘属	肋果沙棘	*Hippophae neurocarpa*
255			沙棘	*Hippophae rhamnoides*
256			西藏沙棘	*Hippophae betana*
257	柳叶菜科	柳叶菜属	沼生柳叶菜	*Epilobium palustre*
258			小花柳叶菜	*Epilobium parviflorum*
259			滇藏柳叶菜	*Epilobium wallichianum*
260			毛脉柳叶菜	*Epilobium amurense*
261			短梗柳叶菜	*Epilobium royleanum*
262			矮生柳叶菜	*Epilobium kingdonii*
263			鳞片柳叶菜	*Epilobium sikkimense*

（续）

序号	科	属	种	
			中文名	拉丁名
264	小仙草科	狐尾藻属	穗状狐尾藻	*Myriophyllum spicatum*
265			狐尾藻	*Myriophyllum verticillatum*
266	杉叶藻科	杉叶藻属	杉叶藻	*Hippuris vulgaris*
267	伞形科	积雪草属	积雪草	*Centella asiatica*
268		水芹属	线叶水芹	*Oenanthe linearis*
269			高山水芹	*Oenanthe hookeri*
270			水芹	*Oenanthe javanica*
271			多裂叶水芹	*Oenanthe thomsonii*
272	鹿蹄草科	鹿蹄草属	短柱鹿蹄草	*Pyrola minor*
273	杜鹃花科	杜鹃花属	云雾杜鹃	*Rhododendron chamaethomsonii*
274			米易杜鹃	*Rhododendron miyiense*
275			苍白杜鹃	*Rhododendron glaucophyllum*
276			北方雪层杜鹃	*Rhododendron nivale* subsp. *boreale*
277			樱草杜鹃	*Rhododendron primuliflorum*
278	报春花科	海乳草属	海乳草	*Glaux maritima*
279		点地梅属	雅江点地梅	*Androsace yargongensis*
280			小点地梅	*Androsace gmelinii*
281		报春花属	匍枝粉报春	*Primula caldaria*
282			雅江报春	*Primula munroi* subsp. *yargongensis*
283			西藏报春	*Primula tibetica*
284			束花粉报春	*Primula fasciculata*
285			柔小粉报春	*Primula pumilio*
286			大叶报春	*Primula macrophylla*
287			暗紫脆蒴报春	*Primula calderiana*
288			钟花报春	*Primula sikkimensis*
289	龙胆科	龙胆属	硕花龙胆	*Gentiana amplicrater*
290			厚边龙胆	*Gentiana simulatrix*
291			宽边龙胆	*Gentiana latimarginalis*
292			圆齿褶龙胆	*Gentiana crenulatotruncata*
293			白条纹龙胆	*Gentiana burkillii*
294			闭花龙胆	*Gentiana clausllis*
295			小龙胆	*Gentiana parvula*
296			蓝白龙胆	*Gentiana leucomelaena*
297			叶萼龙胆	*Gentiana phyllocalyx*
298			假水生龙胆	*Gentiana pseudoaquatica*

（续）

序号	科	属	种	
			中文名	拉丁名
299	龙胆科	扁蕾属	湿生扁蕾	*Gentianopsis paludosa*
300			扁蕾	*Gentianopsis barbata*
301		喉毛花属	喉毛花	*Comastoma pulmonarium*
302			长梗喉毛花	*Comastoma pedunculatum*
303			柔弱喉毛花	*Comastoma tenellum*
304		花锚属	卵萼花锚	*Halenia elliptica* var. *elliptica*
305		肋柱花属	铺散肋柱花	*Lomatogonium thomsonii*
306			大花肋柱花	*Lomatogonium macranthum*
307		辐花属	盔形辐花	*Lomatogoniopsis galeiformis*
308		獐牙菜属	苇叶獐牙菜	*Swertia wardii*
309			毛萼獐牙菜	*Swertia hispidicalyx*
310			川西獐牙菜	*Swertia mussotii*
311			抱茎獐牙菜	*Swertia franchetiana*
312			普兰獐牙菜	*Swertia ciliata*
313	唇形科	筋骨草属	康定筋骨草	*Ajuga campylanthoides*
314		水棘针属	水棘针	*Amethystea caerulea*
315		独一味属	独一味	*Lamiophlomis rotata*
316		薄荷属	薄荷	*Mentha canadensis*
317		黄芩属	半枝莲	*Scutellaria barbata*
318	玄参科	母草属	母草	*Lindernia crustacea*
319			陌上菜	*Lindernia procumbens*
320			刺齿泥花草	*Lindernia ciliata*
321		通泉草属	匍茎通泉草	*Mazus miquelii*
322		沟酸浆属	西藏沟酸浆	*Mimulus tibeticus*
323			尼泊尔沟酸浆	*Mimulus tenellus* var. *nepalensis*
324		马先蒿属	长把马先蒿	*Pedicularis longistipitata*
325			罗氏马先蒿	*Pedicularis roylei*
326			假山萝花马先蒿	*Pedicularis pseudomelampyriflora*
327			碎米蕨叶马先蒿斯文氏亚种	*Pedicularis cheilanthifolia* subsp. *svenhedinii*
328			球花马先蒿	*Pedicularis globifera*
329			阿拉善马先蒿	*Pedicularis alaschanica*
330			奥氏马先蒿	*Pedicularis oliveriana*
331			爬行马先蒿	*Pedicularis reptans*
332			爱氏马先蒿	*Pedicularis elliotii*
333			欧氏马先蒿	*Pedicularis oederi*

（续）

序号	科	属	种	
			中文名	拉丁名
334	玄参科	马先蒿属	藓状马先蒿	*Pedicularis muscoides*
335			全喙马先蒿	*Pedicularis aschistorrhyncha*
336			拟鼻花马先蒿	*Pedicularis rhinanthoides*
337			大唇拟鼻花马先蒿	*Pedicularis rhinanthoides* ssp. *labellata*
338			美丽马先蒿	*Pedicularis bella*
339			中国马先蒿	*Pedicularis chinensis*
340			斑唇马先蒿	*Pedicularis longiflora* var. *tubiformis*
341			管花马先蒿	*Pedicularis siphonantha*
342			硕花马先蒿	*Pedicularis megalantha*
343		肉果草属	肉果草	*Lancea tibetica*
344		玄参属	齿叶玄参	*Scrophularia dentata*
345			砾玄参	*Scrophularia incisa*
346		婆婆纳属	北水苦荬	*Veronica anagallis-aquatica*
347			有柄水苦荬	*Veronica beccabunga*
348			小婆婆纳	*Veronica serpyllifolia*
349	狸藻科	捕虫堇属	高山捕虫堇	*Pinguicula alpina*
350		狸藻属	圆叶挖耳草	*Utricularia striatula*
351			星鳞狸藻	*Utricularia stellaris*
352	车前科	车前属	车前	*Plantago asiatica*
353			平车前	*Plantago depressa*
354			喜马拉雅车前	*Plantago himalaica*
355	茜草科	拉拉藤属	原拉拉藤	*Galium aparine*
356			车叶葎	*Galium asperuloides*
357			蓬子菜	*Galium verum*
358	败酱科	甘松属	甘松	*Nardostachys jatamansi*
359	桔梗科	半边莲属	短柄半边莲	*Lobelia alsinoides*
360	菊科	亚菊属	铺散亚菊	*Ajania khartensis*
361			灌木亚菊	*Ajania fruticulosa*
362		蒿属	大花蒿	*Artemisia macrocephala*
363			肉质叶蒿	*Artemisia succulentoides*
364			垫型蒿	*Artemisia minor*
365			藏白蒿	*Artemisia younghusbandii*
366			臭蒿	*Artemisia hedinii*
367			冻原白蒿	*Artemisia stracheyi*
368			小球花蒿	*Artemisia moorcroftiana*

（续）

序号	科	属	种	
			中文名	拉丁名
369	菊科	蒿属	绒毛蒿	*Artemisia campbellii*
370			亮蒿	*Artemisia fulgens*
371			黄毛蒿	*Artemisia velutina*
372			昆仑蒿	*Artemisia nanschanica*
373			藏龙蒿	*Artemisia waltonii*
374		紫菀属	匍生紫菀	*Aster stracheyi*
375			星舌紫菀	*Aster asteroides*
376			腺毛萎软紫菀	*Aster flaccidus* ssp. *glandulosus*
377			萎软紫菀	*Aster flaccidus*
378		鬼针草属	柳叶鬼针草	*Bidens cernua*
379			狼杷草	*Bidens tripartita*
380		垂头菊属	褐毛垂头菊	*Cremanthodium brunneopiloesum*
381			钟花垂头菊	*Cremanthodium campanulatum*
382			喜马拉雅垂头菊	*Cremanthodium decaisnei*
383			条叶垂头菊	*Cremanthodium lineare*
384			车前状垂头菊	*Cremanthodium ellisii*
385		苦荬菜属	细叶苦荬	*Ixeris gracilis*
386		橐吾属	粗茎橐吾	*Ligularia ghatsukupa*
387			蹄叶橐吾	*Ligularia fischeri*
388			黄帚橐吾	*Ligularia virgaurea*
389		款冬属	款冬	*Tussilago farfara*
390		鱼眼草属	鱼眼草	*Dichrocephala auriculata*
391		川木香属	西藏川木香	*Dolomiaea wardii*
392		风毛菊属	裸头雪莲	*Saussurea obvallata* var. *gymnocephala*
393			西域雪莲	*Saussurea schultzii*
394			星状雪兔子	*Saussurea stella*
395			草甸雪兔子	*Saussurea thoroldii*
396			肉叶雪兔子	*Saussurea thomsonii*
397			拉萨雪兔子	*Saussurea kingii*
398			喜林风毛菊	*Saussurea stricta*
399			披针叶风毛菊	*Saussurea souliei*
400			重齿叶缘风毛菊	*Saussurea katochaete*
401			西藏风毛菊	*Saussurea tibetica*
402		千里光属	西藏千里光	*Senecio tibeticus*
403			天山千里光	*Senecio tianshanicus*
404			裸缨千里光	*Senecio echaetus*

（续）

序号	科	属	种	
			中文名	拉丁名
405	菊科	蒲公英属	灰果蒲公英	*Taraxacum maurocarpum*
406			白花蒲公英	*Taraxacum leucanthum*
407			毛柄蒲公英	*Taraxacum eriopodum*
408			华蒲公英	*Taraxacum borealisinense*
409	香蒲科	香蒲属	宽叶香蒲	*Typha latifolia*
410	露兜树科	露兜树属	露兜树	*Pandanus tectorius*
411	黑三棱科	黑三棱属	短序黑三棱	*Sparganium glomeratum*
412			黑三棱	*Sparganium stoloniferum*
413	眼子莱科	眼子菜属	菹草	*Potamogeton crispus*
414			异叶眼子菜	*Potamogeton heterophyllus*
415			浮叶眼子菜	*Potamogeton natans*
416			尖叶眼子菜	*Potamogeton oxyphyllus*
417			红线草	*Potamogeton pectinatus*
418			穿叶眼子菜	*Potamogeton perfoliatus*
419			小眼子菜	*Potamogeton pusillus*
420		角果藻属	柄果角果藻	*Zannichellia palustris* var. *pedicellata*
421	水麦冬科	水麦冬属	海韭菜	*Triglochin maritimum*
422			水麦冬	*Triglochin palustre*
423	水鳖科	黑藻属	黑藻	*Hydrilla verticillata*
424	禾本科	剪股颖属	糙颖剪股颖	*Agrostis lutosus*
425			多花剪股颖	*Agrostis micrantha*
426		看麦娘属	看麦娘	*Alopecurus aequalis*
427		茵草属	茵草	*Beckmannia syzigachne*
428		甜茅属	水甜茅	*Glyceria maxima*
429		拂子茅属	拂子茅	*Calamagrostis epigeios*
430			假苇拂子茅	*Calamagrostis pseudophragmites*
431		沿沟草属	窄沿沟草	*Catabrosa aquatica* var. *angusta*
432			长颖沿沟草	*Catabrosa capusii*
433		野青茅属	高原野青茅	*Deyeuxia compacta*
434			青藏野青茅	*Deyeuxia holciformis*
435			藏西野青茅	*Deyeuxia zangxiensis*
436		发草属	发草	*Deschampsia cespitosa*
437		马唐属	喙马唐	*Digitaria cruciata* var. *esculenta*
438		稗属	稗	*Echinochloa crusgalli*
439		羊茅属	微药羊茅	*Festuca nitidula*

（续）

序号	科	属	种	
			中文名	拉丁名
440	禾本科	白茅草属	白茅	*Imperata cylindrica*
441		柳叶箬属	锡金柳叶箬	*Isachne sikkimensis*
442		芦苇属	芦苇	*Phragmites australis*
443		早熟禾属	早熟禾	*Poa annua*
444			泽地早熟禾	*Poa palustris*
445			草地早熟禾	*Poa pratensis*
446			西藏早熟禾	*Poa tibetica*
447			拉哈尔早熟禾	*Poa albertii* subsp. *lahulensis*
448			锡金早熟禾	*Poa sikkimensis*
449		棒头草属	棒头草	*Polypogon fugax*
450			长芒棒头草	*Polypogon monspeliensis*
451		芦竹属	芦竹	*Arundo donax*
452		类芦属	类芦	*Neyraudia reynaudiana*
453		鹅观草属	普兰鹅观草	*Roegneria pulanensis*
454		赖草属	赖草	*Leymus secalinus*
455		披碱草属	老芒麦	*Elymus sibiricus*
456			垂穗披碱草	*Elymus nutans*
457		三角草属	三角草	*Trikeraia hookeri*
458			假冠毛草	*Trikeraia pappiformis*
459		碱茅属	多花碱茅	*Puccinellia multiflora*
460			帕米尔碱茅	*Puccinellia pamirica*
461			裸花碱茅	*Puccinellia nudiflora*
462			光稃碱茅	*Puccinellia leiolepis*
463			喜马拉雅碱茅	*Puccinellia himalaica*
464			侏碱茅	*Puccinellia minuta*
465			藏北碱茅	*Puccinellia stapfiana*
466	莎草科	扁穗草属	扁穗草	*Blysmus compressus*
467			华扁穗草	*Blysmus sinocompressus*
468		薹草属	青海薹草	*Carex qinghaiensis*
469			窄叶薹草	*Carex montis-everestii*
470			丛生薹草	*Carex caespititia*
471			圆囊薹草	*Carex orbicularis*
472			窄果草	*Carex angustifructus*
473			黑褐薹草	*Carex atrafusca*
474			签草	*Carex doniana*

（续）

序号	科	属	种	
			中文名	拉丁名
475	莎草科	薹草属	青藏薹草	*Carex moorcroftii*
476			云雾薹草	*Carex nubigena*
477			白尖薹草	*Carex oxyleuca*
478			藏北薹草	*Carex satakeana*
479		克拉莎属	克拉莎	*Cladium jamacence* subsp. *chinense*
480		莎草属	阿穆尔莎草	*Cyperus amuricus*
481			毛轴莎草	*Cyperus pilosus*
482			长尖莎草	*Cyperus cuspidatus*
483			畦畔莎草	*Cyperus haspan*
484			碎米莎草	*Cyperus iria*
485		荸荠属	少花荸荠	*Heleocharis pauciflora*
486			卵穗荸荠	*Heleocharis soloniensis*
487			具槽秆荸荠	*Heleocharis valleculosa*
488		水蜈蚣属	短叶水蜈蚣	*Kyllinga brevifolia*
489		嵩草属	粗状嵩草	*Kobresia robusta*
490			赤箭嵩草	*Kobresia schoenoides*
491			矮生嵩草	*Kobresia humilis*
492			线叶嵩草	*Kobresia capillifolia*
493			高山嵩草	*Kobresia pygmaea*
494			大花嵩草	*Kobresia macrantha*
495			尾穗嵩草	*Kobresia cercostachys*
496			截形嵩草	*Kobresia cuneata*
497			康藏嵩草	*Kobresia littledalei*
498			长轴嵩草	*Kobresia microglochin*
499			小嵩草	*Kobresia parva*
500			波斯嵩草	*Kobresia persica*
501			喜马拉雅嵩草	*Kobresia royleana*
502			四川嵩草	*Kobresia setchwanensis*
503			西藏嵩草	*Kobresia tibetica*
504		扁莎草属	球穗扁莎	*Pycreus flavidus*
505			红鳞扁莎	*Pycreus sanguinolentus*
506			红边扁莎	*Pycreus sanquinolentus* form. *rubro-marginatus*
507			槽果扁莎	*Pycreus sulcinux*
508		藨草属	百球藨草	*Scirpus rosthornii*
509			庐山藨草	*Scirpus lushanensis*

（续）

序号	科	属	种	
			中文名	拉丁名
510	莎草科	藨草属	水葱	*Scirpus validus*
511			水毛花	*Scirpus triangulatus*
512			细秆藨草	*Scirpus setaceus*
513			矮藨草	*Scirpus pumilus*
514			双柱头藨草	*Scirpus distigmaticus*
515		球柱草属	丝叶球柱草	*Bulbostylis densa*
516		飘拂草属	五棱秆飘拂草	*Fimbristylis quinquangularis*
517			扁鞘飘拂草	*Fimbristylis complanata*
518	天南星科	菖蒲属	菖蒲	*Acorus calamus*
519			金钱蒲	*Acorus gramineus*
520		大漂属	大漂	*Pistia stratiotes*
521	浮萍科	芜萍属	芜萍	*Wolffia arrhiza*
522		浮萍属	浮萍	*Lemna minor*
523			稀脉浮萍	*Lemna aequinoctialis*
524	谷精草科	谷精草属	尼泊尔谷精草	*Eriocaulon nepalense*
525	灯心草科	灯心草属	走茎灯心草	*Juncus amplifolius*
526			片髓灯心草	*Juncus inflexus*
527			笄石菖	*Juncus prismatocarpus*
528			小花灯心草	*Juncus articulatus*
529			展苞灯心草	*Juncus thomsonii*
530			长苞灯心草	*Juncus leucomelas*
531			短茎灯心草	*Juncus perpusillus*
532			灯心草	*Juncus effusus*
533			甘川灯心草	*Juncus leucanthus*
534			野灯心草	*Juncus setchuensis*
535			锡金灯心草	*Juncus sikkimensis*
536			显苞灯心草	*Juncus bracteatus*
537			膜耳灯心草	*Juncus membranaceus*
538			葱状灯心草	*Juncus allioides*
539			枯灯心草	*Juncus sphacelatus*
540			喜马灯心草	*Juncus himalensis*
541		地杨梅属	多花地杨梅	*Luzula multiflora*
542	百合科	葱属	野葱	*Allium chrysanthum*
543		沿阶草属	沿阶草	*Ophiopogon bodinieri*
544		粉条儿菜属	少花粉条儿菜	*Aletris pauciflora*

（续）

序号	科	属	种	
			中文名	拉丁名
545	鸢尾科	鸢尾属	多斑鸢尾	*Iris farreri*
546			金脉鸢尾	*Iris chrysographes*
547			长葶鸢尾	*Iris delavayi*
548			西南鸢尾	*Iris bulleyana*
549			西藏鸢尾	*Iris clarkei*
550			扇形鸢尾	*Iris wattii*
551	兰科	沼兰属	沼兰	*Malaxis monophyllos*
552		绶草属	绶草	*Spiranthes sinensis*

附录 2　西藏湿地调查区域动物名录

序号	目	科	种	
			中文名	拉丁名
一、鱼类				
1	鲑形目	鲑科	亚东鲑	*Salmo trutta fario*
2	鲤形目	鲤科	墨脱四须鲃	*Barbodes hexagonlepis*
3			墨脱华鲮	*Sinilabeo dero*
4			西藏墨头鱼	*Garra kempi*
5			横口裂腹鱼	*Schizothorax plagiostomus*
6			墨脱裂腹鱼	*Schizothorax molesworthi*
7			短须裂腹鱼	*Schizothorax wangchiachii*
8			异齿裂腹鱼	*Schizothorax oconnori*
9			长丝裂腹鱼	*Schizothorax dolichonema*
10			弧唇裂腹鱼	*Schizothorax curvilabiatus*
11			怒江裂腹鱼	*Schizothorax nukiangensis*
12			光唇裂腹鱼	*Schizothorax lissolabiatus*
13			重口裂腹鱼	*Schizothorax davidi*
14			四川裂腹鱼	*Schizothorax kozlovi*
15			拉萨裂腹鱼	*Schizothorax waltoni*
16			巨须裂腹鱼	*Schizothorax macropogon*
17			黑斑裂腹鱼	*Schizothorax integrilabiata*
18			全唇裂腹鱼	*Schizothorax labiatus*
19			澜沧裂腹鱼	*Schizothorax lantsangensis*
20			双须叶须鱼	*Ptychobarbus dipogon*
21			锥吻叶须鱼	*Ptychobarbus conirostris*
22			裸腹叶须鱼	*Ptychobarbus kaznakovi*
23			斑重唇鱼	*Diptychus maculatus*
24			硬刺裸鲤	*Gymnocypris scleracanthus*
25			高原裸鲤	*Gymnocypris waddelli*
26			高原裸鲤定结亚种	*Gymnocypris waddelli pingi*
27			软刺裸鲤	*Gymnocypris dobula*
28			软刺裸鲤戳错龙错亚种	*Gymnocypris chuocuilongensis*
29			兰格湖裸鲤	*Gymnocypris chui*
30			兰格湖裸鲤长颌亚种	*Gymnocypris chui longimanbularis*
31			纳木错裸鲤	*Gymnocypris namensis*
32			尖裸鲤	*Oxygymnocypris stewartii*

（续）

序号	目	科	种	
			中文名	拉丁名
33	鲤形目	鲤科	软刺裸裂尻鱼	*Schizopygopsis malacanthus*
34			前腹裸裂尻鱼	*Schizopygopsis anteroventris*
35			拉萨裸裂尻鱼	*Schizopygopsis younghusbandi*
36			喜马拉雅裸裂尻鱼	*Schizopygopsis younghusbandi himalayensis*
37			昂仁裸裂尻鱼	*Schizopygopsis younghusbandi wui*
38			拉萨裸裂尻鱼山南亚种	*Schizopygopsis younghusbandi shannaensis*
39			温泉裸裂尻鱼	*Schizopygopsis thermalis*
40			高原裸裂尻鱼	*Schizopygopsis stoliczkae*
41			高原裸裂尻鱼班公错亚种	*Schizopygopsis stoliczkae bangongensis*
42			高原裸裂尻鱼玛旁雍湖亚种	*Schizopygopsis stoliczkae maphamyumensis*
43			小头高原鱼	*Herzensteinia microcephalus*
44		裸吻鱼科	平鳍裸吻鱼	*Psilorhynchus homaloptera*
45		鳅科	墨脱阿波鳅	*Aborichthys kempi*
46			浅棕条鳅	*Nemacheilus subfuscus*
47			东方高原鳅	*Triplophysa orientalis*
48			异尾高原鳅	*Triplophysa stewartii*
49			西藏高原鳅	*Triplophysa tibetana*
50			短尾高原鳅	*Triplophysa brevicauda*
51			梭形高原鳅	*Triplophysa leptosoma*
52			斯氏高原鳅	*Triplophysa stoliczkae*
53			阿里高原鳅	*Triplophysa aliensis*
54			细尾高原鳅	*Triplophysa stenura*
55			窄尾高原鳅	*Triplophysa tenuicauda*
56			小眼高原鳅	*Triplophysa microps*
57			改则高原鳅	*Triplophysa gerzeensis*
58			圆腹高原鳅	*Triplophysa rotundiventris*
59			拟硬鳍高原鳅	*Triplophysa pseudoscleroptera*
60			姚氏高原鳅	*Triplophysa yaopeizhii*
61	鲶形目	鮡科	墨脱纹胸鮡	*Glyptothorax annandalei*
62			细体纹胸鮡	*Glyptothorax gracilis*
63			扎那纹胸鮡	*Glyptothorax zanaensis*
64			黑斑原鮡	*Glyptosternum maculatum*
65			黄斑褶鮡	*Pseudecheneis sulcatus*
66			平唇鮡	*Parachiloglanis hodgarti*
67			贡山鮡	*Pareuchiloglanis gongshanensis*

（续）

序号	目	科	种	
			中文名	拉丁名
68	鲶形目	鮡科	细尾鮡	*Pareuchiloglanis gracilicaudata*
69			扁头鮡	*Pareuchiloglanis kamengensis*
70			凿齿鮡	*Glaridoglanis andersonii*
71			藏鰋	*Exostoma labiatum*
二、两栖类				
1	有尾目	小鲵科	西藏山溪鲵	*Batrachuperus tibetanus*
2		蝾螈科	红瘰疣螈	*Tylototriton verrucosus*
3	无尾目	角蟾科	西藏齿突蟾	*Scutiger boulengeri*
4			花齿突蟾	*Scutiger maculates*
5			刺胸猫眼蟾	*Aelurophryne mammatus*
6			林芝齿突蟾	*Scutiger nyingchiensis*
7			锡金齿突蟾	*Scutiger sikkimensis*
8			肯氏角蟾	*Megophrys kempii*
9			小角蟾	*Megophrys minor*
10			蛾眉角蟾	*Megophrys omeimotis*
11			凸肛角蟾	*Megophrys pachyproctus*
12		蟾蜍科	隆枕蟾蜍	*Bufo cyphosus*
13			喜山蟾蜍	*Bufo himalayanus*
14			西藏蟾蜍	*Bufo tibetanus*
15			圆疣蟾蜍	*Bufo tuberculatus*
16			绿蟾蜍	*Bufo viridis*
17		蛙科	错那棘蛙	*Rana conaensis*
18			小耳蛙	*Rana gerbillus*
19			棘臂蛙	*Paa liebigii*
20			泽蛙	*Rana limeocharis*
21			花棘察隅棘蛙	*Paa chayuensis*
22			中国林蛙	*Rana chensinensis*
23			亚东蛙	*Rana yadongensis*
24			高山倭蛙	*Nanarana parkeri*
25			西域湍蛙	*Amolops afghanus*
26			山湍蛙	*Amolops monticola*
27			网纹扁手蛙	*Platymantis reticulayus*
28			西藏扁手蛙	*Platymantis xizangensis*
29			北小岩蛙	*Micrixalus borealis*
30		树蛙科	双斑树蛙	*Rhacophorus bimaculatus*

（续）

序号	目	科	种	
			中文名	拉丁名
31	无尾目	树蛙科	锯腿树蛙	*Rhanophorus cavirostris*
32			斑腿泛树蛙	*Polypedates megacephalus*
33			白颌大树蛙	*Polypedates maximus*
34			吻树蛙	*Polypedates naso*
35			红蹼树蛙	*Rhacophorus rhodopus*
36			横纹树蛙	*Rhacophorus translineatus*
37			圆疣树蛙	*Rhacophorus tuberculatus*
38			疣足树蛙	*Rhacophorus verrucopus*
39			白斑小树蛙	*Philautus albopunctatus*
40			仁更小树蛙	*Philautus argus*
41			粗皮小树蛙	*Philautus asper*
42			墨脱小树蛙	*Philautus medogensis*
43			疣小树蛙	*Philautus tuberculatus*
44			侧条小树蛙	*Philautus vittatus*
45			棘棱皮树蛙	*Theloderma moloch*
三、爬行类				
1	有鳞目	鬣蜥科	拉萨岩蜥	*Laudakia sacra*
2			南亚鬣蜥	*Agama tuberculata*
3			绿背树蜥	*Calotes jerdoni*
4			平鳞树蜥	*Calotes medogensis*
5			斑飞蜥	*Draco maculatus*
6			长肢龙蜥	*Japalura andersoniana*
7			草绿龙蜥	*Japalura flaviceps*
8			喜山龙蜥	*Japalura kumaonenesis*
9			异鳞蜥	*Oriocaloctes paulus*
10			红尾沙蜥	*Phrynocephalus erythrurus*
11			西藏沙蜥	*Phrynocephalus theobaldi*
12			喉褶蜥	*Ptyctolaemus gularis*
13		壁虎科	西藏裸趾虎	*Cyrtodactylus tibetanus*
14			卡西裸趾虎	*Cyrtodactylus khasiensis*
15			蝎虎	*Platyurus platyurus*
16		石龙子科	喜山滑蜥	*Scincella himalayana*
17			拉达克滑蜥	*Scincella adacensis*
18			锡金滑蜥	*Scincella sikkimeisis*
19			墨脱蜓蜥	*Sphenomorphus courcyanus*

（续）

序号	目	科	种	
			中文名	拉丁名
20		石龙子科	铜蜓蜥	*Sphenomorphus indicum*
21			斑蜓蜥	*Sphenomorphus maculatum*
22		蛇蜥科	细脆蛇蜥	*Ophisaurus gracilis*
23		蟒科	缅甸蟒	*Python bivittatus*
24			喜山钝头蛇	*Pareas monticola*
25			卡西腹链蛇	*Amphiesma khasiensis*
26			平头腹链蛇	*Amphiesma latyceps*
27			珠光蛇	*Blythia reticulata*
28			南峰锦蛇	*Elaphe hodgsoni*
29			玉斑锦蛇	*Elaphe mandarina*
30			紫灰锦蛇指名亚种	*Elaphe porphyracea*
31			黑眉锦蛇	*Elaphe taeniura*
32			喜山过树蛇	*Dendrelaphis gorei*
33			滑鳞蛇	*Liopeltis frenatus*
34			喜山小头蛇	*Oligodon albocincyus*
35		游蛇科	黑带小头蛇	*Oligodon melazonats*
36			斜鳞蛇指名亚种	*Pseudoxenodon macrops*
37	有鳞目		喜山颈槽蛇	*Rhabdophis himalayana*
38			缅甸颈槽蛇	*Rhabdophis leonardi*
39			黑领剑蛇	*Sibynophis collaris*
40			山坭蛇	*Trachischium monticola*
41			小头坭蛇	*Trachischium tenuiceps*
42			温泉蛇	*Thermophis baileyi*
43			渔游蛇	*Xenochrophis piscator*
44			黑线乌梢蛇	*Zaocys nigromarginatus*
45			绿瘦蛇	*Ahaetulla prasina*
46			紫沙蛇	*Psammodynastes pulverulentus*
47			丽纹蛇脊纹亚种	*Calliophis macclellandi univirgatus*
48		眼镜蛇科	眼镜蛇孟加拉亚种	*Naja naja kaouthia*
49			眼镜王蛇	*Ophiophagus hannah*
50			白头蝰	*Azemiops feae*
51			高原蝮	*Agkistrodon strauchii*
52			菜花烙铁头	*Trimeresurus jerdonii*
53		蝰科	墨脱竹叶青	*Trimeresurus medoensis*
54			山烙铁头察隅亚钟	*Trimeresurus monticola*
55			西藏竹叶青	*Trimeresurus tibetanus*

（续）

序号	目	科	种	
			中文名	拉丁名
四、鸟类				
1	䴙䴘目	䴙䴘科	小䴙䴘	*Podiceps ruficollis*
2			凤头䴙䴘	*Podiceps cristatus*
3	鹈形目	鸬鹚科	普通鸬鹚	*Phalacrocorax carbo*
4	鹳形目	鹭科	苍鹭	*Ardea cinerea*
5			池鹭	*Ardeola bacchus*
6			牛背鹭	*Bubulcus ibis*
7			大白鹭	*Egretta alba*
8		鹳科	彩鹳	*Mycteria leucocephalus*
9			白鹳	*Ciconia ciconia*
10			黑鹳	*Ciconia nigra*
11		鹮科	白琵鹭	*Platalea leucorodia*
12	雁形目	鸭科	白额雁	*Anser albifrons*
13			斑头雁	*Anser indicus*
14			赤麻鸭	*Tadorna ferruginea*
15			翘鼻麻鸭	*Tadorna tadorna*
16			针尾鸭	*Anas acuta*
17			绿翅鸭	*Anas crecca*
18			绿头鸭	*Anas platyrhynchos*
19			斑嘴鸭	*Anas poecilorhyncha*
20			赤膀鸭	*Anas strepera*
21			赤颈鸭	*Anas penelope*
22			琵嘴鸭	*Anas clypeata*
23			赤嘴潜鸭	*Netta rufina*
24			红头潜鸭	*Aythya ferina*
25			白眼潜鸭	*Aythya nyroca*
26			凤头潜鸭	*Aythya fuligula*
27			鹊鸭	*Bucephala clangula*
28			普通秋沙鸭	*Mergus merganser*
29	鹤形目	鹤科	灰鹤	*Grus grus*
30			黑颈鹤	*Grus nigricollis*
31			蓑羽鹤	*Anthropoides virgo*
32		秧鸡科	长脚秧鸡	*Crex crex*
33			棕背田鸡	*Porzana bicolor*
34			黑水鸡	*Gallinula chloropus*
35			白骨顶	*Fulica atra*

（续）

序号	目	科	种	
			中文名	拉丁名
36	鸻形目	彩鹬科	彩鹬	*Rostratula benghalensis*
37		蛎鹬科	蛎鹬	*Haematopus ostralegus*
38		鸻科	金眶鸻	*Charadrius dubius*
39			蒙古沙鸻	*Charadrius mongolus*
40		鹬科	白腰杓鹬	*Numenius arquata*
41			红腰杓鹬	*Numenius madagascariensis*
42			红脚鹬	*Tringa totanus*
43			青脚鹬	*Tringa nebularia*
44			白腰草鹬	*Tringa ochropus*
45			矶鹬	*Tringa hypoleucos*
46			孤沙锥	*Gallinago solitaria*
47			针尾沙锥	*Gallinago stenura*
48			大沙锥	*Gallinago megala*
49			丘鹬	*Scolopax rusticola*
50			乌脚滨鹬	*Calidris temminckii*
51		反嘴鹬科	鹮嘴鹬	*Ibidorhyncha struthersii*
52		瓣蹼鹬科	灰瓣蹼鹬	*Phalaropus fulicarius*
53	鸥形目	鸥科	渔鸥	*Larus ichthyaetus*
54			红嘴鸥	*Larus ridibundus*
55			棕头鸥	*Larus brunnicephalus*
56			普通燕鸥	*Sterna hirundo*
57	佛法僧目	翠鸟科	普通翠鸟	*Alcedo atthis*
五、哺乳类				
1	食虫目	鼩鼱科	小鼩鼱	*Sorex minutus*
2			中鼩鼱	*Sorex caecutiens*
3			普通鼩鼱	*Sorex araneus*
4			帕米尔鼩鼱	*Sorex buchariensis*
5			小纹鼩鼱	*Sorex bedfordiae*
6			长爪鼩鼱	*Soriculus nigrescens*
7			长尾鼩	*Soriculus caudatus*
8			川西长鼩	*Chodsigoa hypsibia*
9			灰麝鼩	*Crocidura attenuata*
10			长尾大麝鼩	*Crocidura dracula*
11			四川水麝鼩	*Chimarrogale styani*
12			蹼麝鼩	*Nectogale elegans*

（续）

序号	目	科	种	
			中文名	拉丁名
13	翼手目	狐蝠科	棕果蝠	*Rousettus leschenaulti*
14			犬蝠	*Cynopterus sphinx*
15			球果蝠	*Sphaerias blanfordi*
16		菊头蝠科	鲁氏菊头蝠	*Rhinolophus rouxi*
17			角菊头蝠	*Rhinolophus cornutus*
18			皮氏菊头蝠	*Rhinolophus pearsoni*
19		蝙蝠科	须鼠耳蝠	*Myotis mystacinus*
20			埃氏鼠耳蝠	*Myotis brandti*
21			喜马拉雅鼠耳蝠	*Myotis muricola*
22			水鼠耳蝠	*Myotis daubentoni*
23			北棕蝠	*Eptesicus nilssoni*
24			爪哇伏翼	*Pipistrellus javanicus*
25			印度伏翼	*Pipistrellus coromandra*
26			茶褐伏翼	*Pipistrellus affinis*
27			长耳蝠	*Plecotus austriacus*
28			拟大管鼻蝠	*Murina rubex*
29			小管鼻蝠	*Murina aurata*
30	灵长目	猴科	猕猴	*Macaca mulatta*
31			熊猴	*Macaca assamensis*
32			豚尾猴	*Macaca nemestrina*
33			藏酋猴	*Macaca thibetana*
34	食肉目	犬科	狼	*Canis lupus*
35			赤狐	*Vulpes vulpes*
36			沙狐	*Vulpes corsac*
37			藏狐	*Vulpes ferrilata*
38			豺	*Cuon alpinus*
39		熊科	棕熊	*Ursus arctos*
40			黑熊	*Selenarctos thibetanus*
41		浣熊科	小熊猫	*Ailurus fulgens*
42		鼬科	石貂	*Martes foina*
43			黄喉貂	*Martes flavigula*
44			香鼬	*Mustela altaica*
45			黄鼬	*Mustela sibirica*
46			艾鼬	*Mustela eversmanni*
47			狗獾	*Meles meles*

（续）

序号	目	科	种	
			中文名	拉丁名
48	食肉目	鼬科	猪獾	*Arctonyx collaris*
49			水獭	*Lutra lutra*
50			小爪水獭	*Aonyx cinerea*
51		灵猫科	大灵猫	*Viverra zibetha*
52			小灵猫	*Viverricula indica*
53			果子狸	*Paguma larvata*
54			斑林狸	*Prionodon pardicolor*
55			短尾狸	*Paguma lanigera*
56		猫科	丛林猫	*Felis chaus*
57			兔狲	*Felis manul*
58			石纹猫	*Felis marmorata*
59			金猫	*Profelis temmincki*
60			豹猫	*Felis bengalensis*
61			猞猁	*Lynx lynx*
62			云豹	*Neofelis nebulosa*
63			豹	*Panthera pardus*
64			虎	*Panthera tigris*
65			雪豹	*Uncia uncia*
66	奇蹄目	马科	西藏野驴	*Equus kiang*
67	偶蹄目	猪科	野猪	*Sus scrofa*
68		鹿科	马麝	*Moschus sifanicus*
69			林麝	*Moschus berezovskii*
70			黑麝	*Moschus fuscus*
71			喜马拉雅麝	*Moschus chrysogaster*
72			赤麂	*Muntiacus muntjak*
73			毛冠鹿	*Elaphodus cephalophus*
74			白唇鹿	*Cervus albirostris*
75			马鹿	*Cervus elaphus*
76		牛科	野牦牛	*Poephagus mutus*
77			藏原羚	*Procapra picticaudata*
78			藏羚	*Pantholops hodgsoni*
79			扭角羚	*Budorcas taxicolor*
80			鬣羚	*Capricornis sumatraensis*
81			斑羚	*Naemorhedus goral*
82			赤斑羚	*Naemorhedus cranbrooki*
83			岩羊	*Psendois nayaur*

（续）

序号	目	科	种	
			中文名	拉丁名
84	兔形目	鼠兔科	间颅鼠兔	*Ochotona cansus*
85			藏鼠兔	*Ochotona thibetana*
86			灰颈鼠兔	*Ochotona forresti*
87			喜马拉雅山鼠兔	*Ochotona himalayana*
88			高原鼠兔	*Ochotona curzoniae*
89			灰鼠兔	*Ochotona roylei*
90			大耳鼠兔	*Ochotona macrotis*
91			拉达克鼠兔	*Ochotona ladacensis*
92			格氏鼠兔	*Ochotona gloveri*
93		兔科	高原兔	*Lepus oiostolus*
94	啮齿目	松鼠科	棕鼯鼠	*Petaurista petaurista*
95			丽鼯鼠	*Petaurista magnificus*
96			小鼯鼠	*Petaurista elegans*
97			灰鼯鼠	*Petaurista xanthotis*
98			赤腹松鼠	*Callosciurus erythraeus*
99			橙足鼯鼠	*Trogopterus xanthipes*
100			石松鼠	*Sciurotamias daviaianus*
101			蓝腹松鼠	*Callosciurus pygerythrus*
102			明纹花松鼠	*Tamiops macclellandi*
103			隐纹花松鼠	*Tamiops swinhoei*
104			珀氏长吻松鼠	*Dremomys pernyi*
105			橙腹长吻松鼠	*Dremomys lokriah*
106			喜马拉雅山旱獭	*Marmota himalayana*
107			长尾旱獭	*Marmota caudate*
108		豪猪科	豪猪	*Hystrix hodgsoni*
109		鼠科	巢鼠	*Micromys minutus*
110			中华姬鼠	*Apodemus draco*
111			大林姬鼠	*Apodemus peninsulae*
112			小林姬鼠	*Apodemus sylvaticus*
113			黑家鼠	*Rattus rattus*
114			黄胸鼠	*Rattus flavipectus*
115			大足鼠	*Rattus nitidus*
116			拟家鼠	*Rattus rattoides*
117			青毛鼠	*Rattus bowersi*
118			社鼠	*Rattus niviventer*

（续）

序号	目	科	种	
			中文名	拉丁名
119	啮齿目	鼠科	针毛鼠	*Niviventer fulvescens*
120			白腹鼠	*Rattus coxingi*
121			灰腹鼠	*Rattus eha*
122			小家鼠	*Mus musculus*
123			锡金小鼠	*Mus pahari*
124		仓鼠科	长尾仓鼠	*Cricetulus longicaudatus*
125			藏仓鼠	*Cricetulus kamensis*
126			斯氏高山鼠	*Alticola stoliczkanus*
127			库蒙高山鼠	*Alticoa stracheyi*
128			白尾松田鼠	*Pitymys leucurus*
129			高原松田鼠	*Pitymys irene*
130			锡金松田鼠	*Pitymys sikimensis*
131			帕米尔松田鼠	*Pitymys juldaschi*
132			四川田鼠	*Microtus millicens*

附录3　西藏重点调查湿地概况

1. 玛旁雍错湿地自然保护区

玛旁雍错湿地自然保护区重点调查湿地范围面积97498.74公顷，湿地面积为82950.45公顷，主要湿地类型为永久性河流、季节性或间歇性河流、洪泛平原湿地、永久性淡水湖、永久性咸水湖、沼泽化草甸、地热湿地。地理坐标为东经81°05′31.21″～81°37′56.9″，北纬30°32′47.1″～30°52′20.3″；位于普兰县。

调查中记录到湿地高等植物1门12科21属33种。

湿地植被可划分为3个植被型组，5个植被型，9个群系。

调查中记录到湿地脊椎动物5纲29目44科100种。其中，鱼类1目2科7种，两栖类1目1科1种，爬行类1目2科2种，鸟类18目72科65种，哺乳类8目12科25种。

记录到国家重点保护野生动物33种。其中，国家Ⅰ级保护野生动物11种，国家Ⅱ级保护野生动物22种。在国家重点保护野生动物中，湿地鸟类22种。其中，国家Ⅰ级保护鸟类8种，国家Ⅱ级保护鸟类14种。

于2008年建立省级自然保护区。受自治区林业厅主管，由阿里地区林业局管理。

涉及湿地各县尚无工业。特别是湿地所在区域纯属牧区，仅把沿河岸、湖泊周围的沼泽草甸、草本沼泽作为牧场。湿地受人为影响轻微，湿地受威胁等级评价为安全。

2. 麦地卡湿地自然保护区

麦地卡湿地自然保护区重点调查湿地范围面积97498.74公顷，湿地面积为89541公顷，主要湿地类型为永久性河流、洪泛平原湿地、永久性淡水湖、永久性咸水湖、沼泽化草甸。地理坐标为东经92°39′53″～93°21′10″，北纬30°48′12″～31°17′57″；位于嘉黎县内。

调查中记录到湿地高等植物3门15科32属63种。

湿地植被可划分为3个植被型组，7个植被型，13个群系。

调查中记录到湿地脊椎动物5纲26目43科122种。其中，鱼类1目2科7种，两栖类1目1科2种，爬行类1目1科2种，鸟类16目29科87种，哺乳类7目11科24种。

记录到国家重点保护野生动物28种。其中，国家Ⅰ级保护野生动物9种，国家Ⅱ级保护野生动物19种。在国家重点保护野生动物中，湿地鸟类18种。其中，国家Ⅰ级保护鸟类7种，国家Ⅱ级保护鸟类11种。

于2008年建立省级自然保护区。受自治区林业厅主管，成立了嘉黎县麦地卡自然保护区管理局。

随着人畜数量的不断增加，该湿地区面临过度放牧和湿地面积不断缩小的威胁。另外，夏季候鸟繁殖期外来人员较多，有时干扰候鸟的孵卵、育雏，对其种群数量带来一定的影响。受威胁状况等级评定为安全。

3. 拉鲁湿地国家级自然保护区

拉鲁湿地自然保护区重点调查湿地范围面积1220公顷，湿地面积为672.62公顷，主要湿地类型为草本沼泽。地理坐标为东经91°03′~91°06′，北纬29°39′~29°41′；位于城关区内。

调查中记录到湿地高等植物3门14科27属43种。记录到外来植物1科2属2种。

湿地植被可划分为4个植被型组，6个植被型，15个群系。

调查中记录到湿地脊椎动物5纲25目57科215种。其中，鱼类2目3科11种，两栖类1目1科2种，爬行类1目3科4种，鸟类16目38科176种，哺乳类7目12科22种。

记录到国家重点保护野生动物14种。其中，国家Ⅰ级保护野生动物5种，国家Ⅱ级保护野生动物9种。在国家重点保护野生动物中，湿地鸟类12种，其中，国家Ⅰ级保护鸟类5种，国家Ⅱ级保护鸟类7种。

记录到外来动物物种脊椎动物1纲1目1科2种。

于1999年建立省级自然保护区，2005年晋升为国家级自然保护区。主管单位，成立了拉萨市拉鲁湿地国家级自然保护区管理局。

拉鲁湿地受湿地面积缩小、水位状况下降、植被退化的威胁；受威胁状况等级评定为中度。

4. 羌塘国家级自然保护区

羌塘国家级自然保护区重点调查湿地范围面积29800000公顷，湿地面积为1683464.61公顷，主要湿地类型为永久性河流、季节或间歇性河流、洪泛平原湿地、永久性淡水湖、永久性咸水湖、季节性淡水湖、季节性咸水湖、草本沼泽、内陆盐沼、季节咸水沼泽、沼泽化草甸、地热湿地、淡水泉/绿洲湿地。地理坐标为东经80°03′~89°56′，北纬32°57′~36°23′；位于改则县、革吉县、日土县、尼玛县、双湖特别行政区。

调查中记录到湿地高等植物2门25科31属59种。

湿地植被可划分为3个植被型组，6个植被型，21个群系。

调查中记录到湿地脊椎动物5纲20目41科134种。其中，鱼类1目2科13种，两栖类1目1科1种，爬行类1目2科4种，鸟类11目25科87种，哺乳类6目11科29种。

记录到国家重点保护野生动物34种。其中，国家Ⅰ级保护野生动物11种，国家Ⅱ级保护野生动物23种。在国家重点保护野生动物中，湿地鸟类21种，其中，国家Ⅰ级保护鸟类6种，国家Ⅱ级保护鸟类15种。

于1993年建立省级自然保护区，2000年晋升为国家级自然保护区。受自治区林业厅主管，成立了羌塘国家级自然保护区(那曲、阿里)管理局。

具体威胁有：①过度放牧，致使湿地周边沼泽与草地沙化趋势严重；②河道缩短和过度放牧导致湿地面积缩小和功能退化；③缺乏对湿地野生动物的有效保护；④鼠(兔)害严重；⑤湿地水鸟繁殖期干扰较大；⑤毒草蔓延。受威胁状况等级评定为安全。

5. 色林错黑颈鹤国家级自然保护区

色林错黑颈鹤国家级自然保护区重点调查湿地范围面积1893630公顷，湿地面积为679341.23

公顷，主要湿地类型为永久性河流、季节或间歇性河流、洪泛平原湿地、永久性淡水湖、永久性咸水湖、季节性淡水湖、季节性咸水湖、草本沼泽、内陆盐沼、季节性咸水沼泽、沼泽化草甸。地理坐标为东经 87°46′~91°48′，北纬 30°10′~32°10′位于班戈县、那曲县。

调查中记录到湿地高等植物 2 门 9 科 17 属 38 种。

湿地植被可划分为个 3 植被型组，6 个植被型，9 个群系。

调查中记录到湿地脊椎动物 5 纲 23 目 32 科 179 种。其中，鱼类 1 目 2 科 10 种，两栖类 1 目 1 科 1 种，爬行类 1 目 2 科 3 种，鸟类 15 目 27 科 105 种，哺乳类 5 目 10 科 23 种。

记录到国家重点保护野生动物 21 种。其中，国家Ⅰ级保护野生动物 7 种，国家Ⅱ级保护野生动物 14 种。在国家重点保护野生动物中，湿地鸟类 12 种，其中，国家Ⅰ级保护鸟类 4 种，国家Ⅱ级保护鸟类 8 种。

记录到外来动物物种脊椎动物 1 纲 1 目 1 科 1 种。

于 1983 年建立省级自然保护区，2003 年晋升为国家级自然保护区。受自治区林业厅主管，成立了那曲地区保护区管理局。

该湿地区面临过度放牧和湿地面积不断缩小的威胁。另外，当地老百姓捡拾斑头雁、赤麻鸭等鸟类蛋，候鸟繁殖季节有些外来人员登岛干扰孵卵、育雏对其种群数量发展带来一定的影响。受威胁状况等级评定为轻度。

6. 雅鲁藏布江中游河谷黑颈鹤国家级自然保护区

雅鲁藏布江中游河谷黑颈鹤国家级自然保护区重点调查湿地范围面积 97498. 74 公顷，湿地面积为 118052. 70 公顷，主要湿地类型为永久性河流、季节性或间歇性河流、洪泛平原湿地、永久性淡水湖湿地、草本沼泽湿地、沼泽化草甸、库塘、运河输水河。地理坐标为东经 87°34′~91°54′，北纬 28°40′~30°17′；行政上隶属于山南、日喀则、拉萨等 3 个地区(市)的 6 个县。

调查中记录到湿地高等植物 3 门 54 科 97 属 153 种。记录到外来植物 1 科 2 属 3 种。

湿地植被可划分为 4 个植被型组，6 个植被型，15 个群系。

调查中记录到湿地脊椎动物 5 纲 25 目 57 科 224 种。其中，鱼类 2 目 3 科 11 种，两栖类 1 目 1 科 2 种，爬行类 1 目 3 科 4 种，鸟类 16 目 38 科 182 种，哺乳类 7 目 12 科 25 种。

记录到国家重点保护野生动物 25 种。其中，国家Ⅰ级保护野生动物 8 种，国家Ⅱ级保护野生动物 17 种。在国家重点保护野生动物中，湿地鸟类 15 种，其中，国家Ⅰ级保护鸟类 5 种，国家Ⅱ级保护鸟类 10 种。

记录到外来脊椎动物 1 纲 1 目 1 科 2 种。

于 1993 年建立省级自然保护区，2003 年晋升为国家级自然保护区。受自治区林业厅主管，成立了山南、拉萨、日喀则地区保护区管理局。

湿地尚无工业，特别是湿地所在区域属农牧区，仅把沿河岸、湖泊周围的沼泽草甸作为牧场，湿地受人为影响轻微。湿地未来受人为活动影响威胁较大。

7. 珠穆朗玛峰国家级自然保护区

珠穆朗玛峰国家级自然保护区重点调查湿地范围面积 3381000 公顷，湿地面积为 104601. 74

公顷，主要湿地类型为永久性河流、季节性或间歇性河流、洪泛平原湿地、永久性淡水湖、永久性咸水湖、季节性淡水湖、草本沼泽、沼泽化草甸、地热湿地、库塘。地理坐标为东经27°47′~29°05′，北纬84°28′~88°19′，位于定结县、定日县、吉隆县、聂拉木等4县境内。

调查中记录到湿地高等植物3门41科87属197种。

湿地植被可划分为4个植被型组，7个植被型，26个群系。

调查中记录到湿地脊椎动物5纲66目98科334种。其中，鱼类2目3科8种，两栖类2目3科8种，爬行类3目4科14种，鸟类32目56科227种，哺乳类27目35科77种。

记录到国家重点保护野生动物25种。其中，国家Ⅰ级保护野生动物13种，国家Ⅱ级保护野生动物12种。在国家重点保护野生动物中，湿地鸟类18种，其中，国家Ⅰ级保护鸟类10种，国家Ⅱ级保护鸟类8种。

于1988年建立省级自然保护，1994年晋升为国家级自然保护区。受自治区林业厅主管，成立了珠穆朗玛峰国家级自然保护区管理局。

湿地区内冰川持续退缩明显，冰湖面积扩大迅速，若长此以往，该区域湿地自然演变过程将受到干扰，野生动物自然栖息地日益减少。其他主要威胁有生态旅游所带来的垃圾污染等。受威胁状况等级评定为安全。

8. 察隅慈巴沟国家级自然保护区

慈巴沟国家级自然保护区重点调查湿地范围面积101400公顷，湿地面积为758.66公顷，主要湿地类型为永久性河流、永久性淡水湖、草本沼泽。地理坐标为东经96°52′~97°10′，北纬28°34′~29°07′；位于察隅县内。

调查中记录到湿地高等植物3门43科76属183种。

湿地植被可划分为4个植被型组，6个植被型，22个群系。

调查中记录到湿地脊椎动物5纲20目42科174种。其中，鱼类2目3科11种，两栖类1目3科5种，爬行类1目4科12种，鸟类10目27科100种，哺乳类8目8科57种。

记录到国家重点保护野生动物63种。其中，国家Ⅰ级保护野生动物16种，国家Ⅱ级保护野生动物47种。在国家重点保护野生动物中，湿地鸟类34种，其中，国家Ⅰ级保护鸟类7种，国家Ⅱ级保护鸟类27种。

于1985年建立省级自然保护区，2002年晋升为国家级自然保护区。受自治区林业厅主管，成立了察隅慈巴沟国家级自然保护区管理局。

随着周边人口不断增加，进入保护区盗猎、乱挖珍贵植物现象严重，使该区域湿地动物和植物受到一定的影响。也有少数考察研究人员带来的垃圾污染等。总体而言，该区的原始地貌及风景保护状况较好，受威胁状况较轻微。受威胁状况等级评定为安全。

9. 类乌齐马鹿国家级自然保护区

类乌齐马鹿国家级自然保护区重点调查湿地范围面积120614.60公顷，湿地面积为1378.37公顷，主要湿地类型为永久性河流、洪泛平原湿地。地理坐标为东经95°48’~96°30’，北纬31°13’~31°31’；北纬30°32′47.1″~30°52′20.3″；位于类乌齐县内。

调查中记录到湿地高等植物3门17科29属45种。

湿地植被可划分为4个植被型组，6个植被型，13个群系。

调查中记录到湿地脊椎动物5纲13目47科180种。其中，鱼类1目2科5种，两栖类1目2科2种，爬行类1目1科2种，鸟类6目32科145种，哺乳类4目10科28种。

记录到国家重点保护野生动物41种。其中，国家Ⅰ级保护野生动物14种，国家Ⅱ级保护野生动物27种。在国家重点保护野生动物中，湿地鸟类22种，其中，国家Ⅰ级保护鸟类11种，国家Ⅱ级保护鸟类11种。

于1993年建立省级自然保护区，2005年晋升为国家级自然保护区。受自治区林业厅主管，成立了类乌齐马鹿国家级自然保护区管理局，湿地区内管理机构已完善。

因过度放牧，局部沼泽湿地退化；盗猎和森林火灾也时有发生，需强化管理和执法。总体来说，该区的原始地貌及风景保护状况较好，受威胁状况较轻微。受威胁状况等级评定为安全。

10. 雅鲁藏布大峡谷国家级自然保护区

雅鲁藏布大峡谷国家级自然保护区重点调查湿地范围面积916800公顷，湿地面积为14193.35公顷，主要湿地类型为永久性河流、洪泛平原湿地、永久性淡水湖、草本沼泽、森林沼泽、沼泽化草甸、运河输水河。地理坐标为东经94°39′~96°06′，北纬29°05′~30°20′；位于林芝县、波密县、米林县、墨脱县内。

调查中记录到湿地高等植物4门53科104属276种。

湿地植被可划分为5个植被型组，9个植被型，32个群系。

调查中记录到湿地脊椎动物5纲31目81科360种。其中，鱼类2目4科21种，两栖类1目4科19种，爬行类2目7科25种，鸟类18目46科232种，哺乳类8目20科63种。

记录到国家重点保护野生动物66种。其中，国家Ⅰ级保护野生动物16种，国家Ⅱ级保护野生动物50种。在国家重点保护野生动物中，湿地鸟类39种，其中，国家Ⅰ级保护鸟类8种，国家Ⅱ级保护鸟类31种。

于1985年建立省级自然保护区，2000年晋升为国家级自然保护区。受自治区林业厅主管，成立了林芝地区自然保护区管理局。

随着大峡谷地区公路的开通，热带湿地和野生动物自然栖息地有待强化管理，严格控制刀耕火种和盗猎行为。其他主要威胁有生态旅游所带来的垃圾污染等。受威胁状况等级评定为安全。

11. 打加错

打加错重点调查湿地范围面积10816.52公顷，湿地面积为10816.52公顷，主要湿地类型为永久性咸水湖、草本沼泽。地理坐标为东经85°36′~85°50′，北纬29°44′~29°57′；位于昂仁县内。

调查中记录到湿地高等植物2门5科8属17种。

湿地植被可划分为2个植被型组，3个植被型，8个群系。

调查中记录到湿地脊椎动物5纲20目33科157种。其中，鱼类2目3科8种，两栖类1目2科2种，爬行类1目2科2种，鸟类8目16科120种，哺乳类8目10科25种。

记录到国家重点保护野生动物23种。其中，国家Ⅰ级保护野生动物7种，国家Ⅱ级保护野生动物16种。在国家重点保护野生动物中，湿地鸟类14种，其中，国家Ⅰ级保护鸟类3种，国家Ⅱ级保护鸟类11种。

该重点湿地区已列入中国湿地保护行动计划。受自治区林业厅主管，成立了昂仁县和措勤县林业局。

目前尚未对该重点湿地区进行开发利用，受威胁状况甚微。受威胁状况等级评定为轻度。

12. 大竹卡

大竹卡重点调查湿地范围面积211.65公顷，湿地面积为211.65公顷，主要湿地类型为洪泛平原湿地。地理坐标为东经89°07′~89°28′，北纬29°18′~29°24′；位于日喀则市内。

调查中记录到湿地高等植物3门7科13属27种。记录到外来植物1科1属2种。

湿地植被可划分为4个植被型组，5个植被型，11个群系。

调查中记录到湿地脊椎动物5纲22目37科168种。其中，鱼类2目2科6种，两栖类1目1科2种，爬行类1目2科2种，鸟类10目20科132种，哺乳类8目12科26种。

记录到国家重点保护野生动物8种。其中，国家Ⅰ级保护野生动物2种，国家Ⅱ级保护野生动物6种。在国家重点保护野生动物中，湿地鸟类3种，其中，国家Ⅰ级保护鸟类1种，国家Ⅱ级保护鸟类2种。

湿地已列入中国湿地保护行动计划。涉及业务管理部门包括林业、水利、国土等。暂无专门管理机构。

人为活动较为频繁，黑颈鹤、斑头雁等珍稀野生动物自然栖息地日益缩小。受威胁状况等级评定为安全。、

13. 那曲沼泽(怒江源)湿地

那曲沼泽(怒江源)湿地重点调查湿地范围面积35253.35公顷，湿地面积为35253.35公顷，主要湿地类型为永久性河流、洪泛平原湿地、永久性淡水湖泊、永久性咸水湖泊、沼泽化草甸。地理坐标为东经91°07′~92°03′，北纬31°05′~32°13′；位于那曲县、安多县内。

调查中记录到湿地高等植物2门7科9属20种。

湿地植被可划分为2个植被型组，4个植被型，9个群系。

调查中记录到湿地脊椎动物5纲24目43科113种。其中，鱼类1目2科7种，两栖类1目1科2种，爬行类1目1科2种，鸟类14目29科82种，哺乳类7目11科23种。

记录到国家重点保护野生动物33种。其中，国家Ⅰ级保护野生动物12种，国家Ⅱ级保护野生动物21种。在国家重点保护野生动物中，湿地鸟类21种，其中，国家Ⅰ级保护鸟类9种，国家Ⅱ级保护鸟类12种。

该湿地区已列入《中国湿地保护行动计划》，管理部门包括农牧、林业、国土等，暂无专门管理机构。

随着人畜数量的不断增加，该湿地区面临过度放牧和湿地面积不断缩小的威胁。另外，当地牧民有捡拾斑头雁等鸟类蛋的行为；黑颈鹤繁殖期因沼泽湿地内有牛、羊放牧，有践踏鸟巢和踏碎鸟卵的现象。对其种群繁殖数量带来一定的危害。受威胁状况等级评定为轻度。

14. 聂荣、安多沼泽湿地

聂荣、安多沼泽湿地重点调查湿地范围面积127387.51公顷，湿地面积为127387.51公顷，主要湿地类型为永久性河流、季节性或间歇性河流、洪泛平原湿地、永久性淡水湖、沼泽化草甸；地理坐标为东经91°27′~93°0′，北纬31°58′~32°52′；位于聂荣县、安多县内。

调查中记录到湿地高等植物2门7科10属23种。

湿地植被可划分为2个植被型组，4个植被型，10个群系。

调查中记录到湿地脊椎动物5纲16目43科70种。其中，鱼类1目1科3种，两栖类1目1科1种，爬行类1目1科2种，鸟类7目17科48种，哺乳类6目10科16种。

记录到国家重点保护野生动物27种。其中，国家Ⅰ级保护野生动物10种，国家Ⅱ级保护野生动物17种。在国家重点保护野生动物中，湿地鸟类17种，其中，国家Ⅰ级保护鸟类7种，国家Ⅱ级保护鸟类10种。

已列入《中国湿地保护行动计划》。管理部门包括农牧、林业、国土等，暂无专门管理机构。

该湿地区面临过度放牧和湿地面积不断缩小的威胁。受威胁状况等级评定为轻度。

15. 羊八井沼泽湿地

羊八井沼泽湿地重点调查湿地范围面积270.45公顷，湿地面积为270.45公顷，主要湿地类型为草本沼泽。地理坐标为东经90°04′~90°28′，北纬29°05′~30°03′；位于当雄县内。

调查中记录到湿地高等植物3门11科25属37种。

湿地植被可划分为3个植被型组，4个植被型，13个群系。

调查中记录到湿地脊椎动物5纲25目57科217种。其中，鱼类2目3科7种，两栖类1目1科2种，爬行类1目2科3种，鸟类16目35科173种，哺乳类7目12科25种。

记录到国家重点保护野生动物26种。其中，国家Ⅰ级保护野生动物8种，国家Ⅱ级保护野生动物18种。在国家重点保护野生动物中，湿地鸟类15种，其中，国家Ⅰ级保护鸟类5种，国家Ⅱ级保护鸟类10种。

记录到外来脊椎动物1纲1目1科1种。

暂无专门管理机构。

羊八井湿地内的地热资源的开发利用，修公路、架设地热管道、修建电站、已经使湿地内许多沼泽遭到破坏，因此，应采取保护性利用措施。受威胁状况等级评定为轻度。

16. 班戈东部湖区

班戈东部湖区重点调查湿地范围面积109553.11公顷，湿地面积为109553.11公顷，主要湿地类型为永久性河流、季节性或间歇性河流、洪泛平原湿地、永久性淡水湖、永久性咸水湖、季节性淡水湖、草本沼泽、沼泽化草甸；地理坐标为东经89°40′~90°40′，北纬31°13′~32°01′；位于那曲县、安多县。

调查中记录到湿地高等植物2门5科7属21种。

湿地植被可划分为2个植被型组，4个植被型，7个群系。

调查中记录到湿地脊椎动物4纲18目42科97种。其中，鱼类1目2科4种，爬行类1目1科2种，鸟类10目29科78种，哺乳类6日11科23种。

记录到国家重点保护野生动物25种。其中，国家Ⅰ级保护野生动物9种，国家Ⅱ级保护野生动物16种。在国家重点保护野生动物中，湿地鸟类15种，其中，国家Ⅰ级保护鸟类6种，国家Ⅱ级保护鸟类9种。

暂无专门管理机构。

涉及湿地各县尚无工业，特别是湿地所在区域纯属牧区，仅把沿河岸、湖泊周围的沼泽草甸、草本沼泽作为牧场。但该湿地区面临过度放牧和湿地面积不断缩小的威胁。受威胁状况等级评定为轻度。

17. 马泉河

马泉河重点调查湿地范围面积23178.05公顷，湿地面积为23178.05公顷，主要湿地类型为永久性河流、季节性或间歇性河流、洪泛平原湿地、永久性淡水湖、永久性咸水湖、季节性淡水湖、草本沼泽、沼泽化草甸；地理坐标为东经82°30′~83°17′，北纬30°45′~30°70′；位于仲巴县、普兰县、革吉县。

调查中记录到湿地高等植物3门6科11属19种。

湿地植被可划分为3个植被型组，5个植被型，12个群系。

调查中记录到湿地脊椎动物5纲23目33科79种。其中，鱼类2目3科6种，两栖类1目1科1种，爬行类1日1科1种，鸟类11目18科46种，哺乳类7目10科25种。

记录到国家重点保护野生动物21种。其中，国家Ⅰ级保护野生动物11种，国家Ⅱ级保护野生动物20种。在国家重点保护野生动物中，湿地鸟类21种，其中，国家Ⅰ级保护鸟类8种，国家Ⅱ级保护鸟类13种。

受日喀则地区林业局管理。

过度放牧是雅鲁藏布江源头沼泽重点湿地区的主要威胁。受威胁状况等级评定为安全。

18. 昂孜拉错—玛尔下错湖湿地自然保护区

昂孜拉错—玛尔下错湖湿地自然保护区重点调查湿地范围面积94040.50公顷，湿地面积为45186.20公顷，主要湿地类型为永久性淡水湖、永久性咸水湖、草本沼泽、沼泽化草甸；地理坐标为东经86°56′53″~87°38′13″，北纬30°51′25″~31°09′50″；位于尼玛县。

调查中记录到湿地高等植物2门5科9属19种。

湿地植被可划分为3个植被型组，4个植被型，7个群系。

调查中记录到湿地脊椎动物4纲19目40科99种。其中，鱼类1目1科2种，爬行类1目1科2种，鸟类12目27科72种，哺乳类5目11科22种。

记录到国家重点保护野生动物23种。其中，国家Ⅰ级保护野生动物5种，国家Ⅱ级保护野生动物18种。在国家重点保护野生动物中，湿地鸟类15种，其中，国家Ⅰ级保护鸟类2种，国家Ⅱ级保护鸟类13种。

于2008年建立省级自然保护区。受自治区林业厅主管，昂仁县林业局管理。成立了尼玛县昂孜拉错—玛尔下错湖湿地自然保护区管理局。

过度放牧是沼泽重点湿地区的主要威胁。受威胁状况等级评定为轻度。

19. 扎日南木错湿地自然保护区

扎日南木错湿地自然保护区重点调查湿地范围面积142981.67公顷，湿地面积为120345.62公顷，主要湿地类型为永久性河流、季节性或间歇性河流、洪泛平原湿地、永久性淡水湖、永久性咸水湖、季节性淡水湖、沼泽化草甸；地理坐标为东经85°15′4.82″~85°54′29.43″，北纬30°43′5.91″~31°07′20.12″；位于措勤县、昂仁县。

调查中记录到湿地高等植物2门5科7属17种。

湿地植被可划分为2个植被型组，3个植被型，6个群系。

调查中记录到湿地脊椎动物4纲20目43科109种。其中，鱼类1目2科7种，两栖类目　科　种，爬行类1目1科2种，鸟类13目29科78种，哺乳类5目11科22种。

记录到国家重点保护野生动物36种。其中，国家Ⅰ级保护野生动物12种，国家Ⅱ级保护野生动物24种。在国家重点保护野生动物中，湿地鸟类26种，其中，国家Ⅰ级保护鸟类9种，国家Ⅱ级保护鸟类17种。

于2008年建立省级自然保护区。受自治区林业厅主管，由措勤县、昂仁县林业局管理。

涉及湿地各县尚无工业，特别是湿地所在区域纯属牧区，仅把沿河岸、湖泊周围的沼泽草甸、草本沼泽作为牧场，湿地受人为影响轻微。受威胁状况等级评定为安全。

20. 班公错湿地自然保护区

班公错湿地自然保护区重点调查湿地范围面积56303.22公顷，湿地面积为44473.48公顷，主要湿地类型为永久性咸水湖44145.42、沼泽化草甸；地理坐标为东经81°05′31.21″~81°37′56.9″,北纬30°32′47.1″~30°52′20.3″；位于日土县。

调查中记录到湿地高等植物2门6科11属27种。

湿地植被可划分为3个植被型组，6个植被型，12个群系。

调查中记录到湿地脊椎动物5纲22目44科103种。其中，鱼类1目2科6种，两栖类1目1科1种，爬行类1目2科3种，鸟类13目26科66种，哺乳类6目13科27种。

记录到国家重点保护野生动物33种。其中，国家Ⅰ级保护野生动物12种，国家Ⅱ级保护野生动物21种。在国家重点保护野生动物中，湿地鸟类21种，其中，国家Ⅰ级保护鸟类7种，国家Ⅱ级保护鸟类14种。

于2008年建立省级自然保护区。受自治区林业厅主管，由阿里地区林业局管理。

涉及湿地区尚无工业，特别是湿地所在区域纯属牧区，仅把沿河岸、湖泊周围的沼泽草甸、草本沼泽作为牧场。有一定的过度放牧现象。总体而言，湿地受人为影响轻微。受威胁状况等级评定为安全。

21. 工布自然保护区

工布自然保护区重点调查湿地范围面积20149.81公顷，湿地面积为38567.07公顷，主要湿地类型为永久性河流、洪泛平原湿地、永久性淡水湖、草本沼泽、沼泽化草甸；地理坐标为东经93°13′~94°50′，北纬28°40′~30°20′；位于米林县、林芝县、工布江达县、朗县。

调查中记录到湿地高等植物3门27科67属138种。

湿地植被可划分为5个植被型组，8个植被型，23个群系。

调查中记录到湿地脊椎动物5纲24目56科205种。其中，鱼类2目3科12种，两栖类1目3科4种，爬行类1目2科3种，鸟类13目31科133种，哺乳类7目17科53种。

记录到国家重点保护野生动物44种。其中，国家Ⅰ级保护野生动物16种，国家Ⅱ级保护野生动物28种。在国家重点保护野生动物中，湿地鸟类21种，其中，国家Ⅰ级保护鸟类7种，国家Ⅱ级保护鸟类14种。

于2003年建立省级自然保护区。受自治区林业厅主管，成立了林芝地区自然保护区管理局。

该区的原始地貌及风景保护状况较好，受威胁状况较轻微。受威胁状况等级评定为安全。

22. 纳木错自然保护区

纳木错自然保护区重点调查湿地范围面积1020900公顷，湿地面积为201803.35公顷，主要湿地类型为含永久性淡水湖、永久性咸水湖、草本沼泽、沼泽化草甸；地理坐标为东经89°30′~91°25′，北纬30°00′~31°10′；位于当雄县、班戈县。

调查中记录到湿地高等植物2门7科12属22种。记录到外来植物1科1属1种。

湿地植被可划分为3个植被型组，4个植被型，11个群系。

调查中记录到湿地脊椎动物4纲22目43科109种。其中，鱼类1目2科7种，爬行类1目1科2种，鸟类15目29科78种，哺乳类5目11科22种。

记录到国家重点保护野生动物34种。其中，国家Ⅰ级保护野生动物12种，国家Ⅱ级保护野生动物22种。在国家重点保护野生动物中，湿地鸟类24种，其中，国家Ⅰ级保护鸟类9种，国家Ⅱ级保护鸟类15种。

于2001年建立省级自然保护区。受西藏自治区环保厅管理，成立了纳木错自然保护区管理局。管理局在拉萨市和那曲地区设立有办事处，在当雄县和班戈县分别设立有两个正科级管理局。

涉及湿地尚无工业，特别是湿地所在区域纯属牧区，仅把沿河岸、湖泊周围的沼泽草甸、草本沼泽作为牧场。过度放牧对沼泽湿地造成一定的威胁。总体评价，湿地受人为影响较轻。受威胁状况等级评定为安全。

23. 然乌湖湿地自然保护区

然乌湖湿地自然保护区重点调查湿地范围面积97498.74公顷，湿地面积为1320.23公顷，主要湿地类型为洪泛平原湿地、永久性淡水湖；地理坐标为东经96°34′~96°51′，北纬29°17′~29°31′；位于八宿县。

调查中记录到湿地高等植物3门15科26属79种。

湿地植被可划分为3个植被型组，5个植被型，13个群系。

调查中记录到湿地脊椎动物4纲22目47科112种。其中，鱼类1目3科6种，两栖类1目3

科5种，鸟类13目28科75种，哺乳类7目13科26种。

记录到国家重点保护野生动物36种。其中，国家Ⅰ级保护野生动物8种，国家Ⅱ级保护野生动物28种。在国家重点保护野生动物中，湿地鸟类17种，其中，国家Ⅰ级保护鸟类5种，国家Ⅱ级保护鸟类12种。

于2010年建立省级自然保护区。受自治区林业厅主管，由八宿县林业局管理。

主要威胁有生态旅游所带来的垃圾污染等和沼泽草地内过度放牧等。受威胁状况等级评定为安全。

24. 桑桑湿地自然保护区

桑桑湿地自然保护区重点调查湿地范围面积5644公顷，湿地面积为1603.32公顷，主要湿地类型为永久性河流、永久性淡水湖、草本沼泽；地理坐标为东经86°39′~86°43′，北纬29°23′~29°26′；位于昂仁县。

调查中记录到湿地高等植物2门9科15属36种。

湿地植被可划分为2个植被型组，5个植被型，12个群系。

调查中记录到湿地脊椎动物5纲20目42科138种。其中，鱼类1目2科4种，两栖类1目1科1种，爬行类1目1科1种，鸟类20目25科102种，哺乳类5目14科26种。

记录到国家重点保护野生动物33种。其中，国家Ⅰ级保护野生动物11种，国家Ⅱ级保护野生动物22种。在国家重点保护野生动物中，湿地鸟类种，其中，国家Ⅰ级保护鸟类7种，国家Ⅱ级保护鸟类15种。

于2010年建立省级自然保护区。受自治区林业厅主管，由昂仁县林业局管理。

该重点湿地区有大量的草本沼泽，是发展畜牧业的良好的天然牧场。随着畜牧业的发展，草场的载畜量能力降低，导致局部地区湿地的自然演变过程受到干扰和退化，湿地野生动物自然栖息地日益减少，种群数量下降。受威胁状况等级评定为安全。

25. 洞错湿地自然保护区

洞错湿地自然保护区重点调查湿地范围面积41173.23公顷，湿地面积为34317.39公顷，主要湿地类型为永久性河流、季节性或间歇性河流、洪泛平原湿地、永久性淡水湖、永久性咸水湖、季节性咸水湖、草本沼泽、沼泽化草甸。地理坐标为东经84°37′~85°10′，北纬32°05′~32°15′;位于改则县、尼玛县。

调查中记录到湿地高等植物2门13科28属41种。

湿地植被可划分为3个植被型组，5个植被型，12个群系。

调查中记录到湿地脊椎动物4纲19目40科99种。其中，鱼类1目1科2种，爬行类1目1科2种，鸟类12目27科72种，哺乳类5目11科22种。

记录到国家重点保护野生动物32种。其中，国家Ⅰ级保护野生动物10种，国家Ⅱ级保护野生动物22种。在国家重点保护野生动物中，湿地鸟类21种，其中，国家Ⅰ级保护鸟类6种，国家Ⅱ级保护鸟类15种。

于2008年建立省级自然保护区。受自治区林业厅主管，由尼玛县、改则县林业局管理。

涉及湿地各县尚无工业，特别是湿地所在区域纯属牧区，仅把沿河岸、湖泊周围的沼泽草甸、草本沼泽作为牧场。湿地受人为影响轻微，湿地受威胁等级评价为安全。

26. 昂仁塔格架间歇温泉自然保护区

昂仁塔格架间歇温泉自然保护区重点调查湿地范围面积157.76公顷，湿地面积为157.76公顷，主要湿地类型为永久性淡水湖、沼泽化草甸、地热湿地；地理坐标为东经81°05′31.21″~81°37′56.9″，北纬30°32′47.1″~30°52′20.3″；位于昂仁县。

调查中记录到湿地高等植物2门7科15属37种。

湿地植被可划分为3个植被型组，5个植被型，14个群系。

调查中记录到湿地脊椎动物5纲21目41科100种。其中，鱼类1目3科6种，两栖类1目3科5种，爬行类1目1科1种，鸟类13目23科75种，哺乳类5目11科26种。

记录到国家重点保护野生动物29种。其中，国家Ⅰ级保护野生动物7种，国家Ⅱ级保护野生动物22种。在国家重点保护野生动物中，湿地鸟类17种，其中，国家Ⅰ级保护鸟类5种，国家Ⅱ级保护鸟类12种。

于2000年建立省级自然保护区。受自治区国土资源厅主管，由日喀则市国土资源局管理。

目前尚未对该重点湿地区进行开发利用，受威胁状况甚微。受威胁状况等级评定为安全。

27. 多庆错国家湿地公园

多庆错国家湿地公园重点调查湿地范围面积32719.70公顷，湿地面积为8164.64公顷，主要湿地类型为永久性淡水湖、草本沼泽；地理坐标为东经89°14′52″~89°29′22″，北纬27°58′52″~28°36′49″；位于亚东县、康马县内。

调查中记录到湿地高等植物2门13科22属39种。

湿地植被可划分为3个植被型组，5个植被型，14个群系。

调查中记录到湿地脊椎动物5纲20目43科102种。其中，鱼类1目2科5种，两栖类1目2科2种，爬行类1目1科2种，鸟类13目29科78种，哺乳类4目9科15种。

记录到国家重点保护野生动物29种。其中，国家Ⅰ级保护野生动物9种，国家Ⅱ级保护野生动物20种。在国家重点保护野生动物中，湿地鸟类21种，其中，国家Ⅰ级保护鸟类8种，国家Ⅱ级保护鸟类13种。

于2009年由国家林业局批准建立。受自治区林业厅主管，成立了多庆错国家湿地公园管理局。

湿地的自然演变过程受到干扰，湿地野生动物自然栖息地日益减少，种群数量下降。受威胁状况等级评定为安全。

28. 雅尼国家湿地公园

雅尼国家湿地公园重点调查湿地范围面积8928.65公顷，湿地面积为8928.65公顷，主要湿地类型为永久性河流、洪泛平原湿地。地理坐标为东经94°26′~94°38′，北纬29°24′~29°30′；位于米林县、林芝县。

调查中记录到湿地高等植物门31科53属107种。

湿地植被可划分为3个植被型组，8个植被型，18个群系。

调查中记录到湿地脊椎动物5纲25目60科234种。其中，鱼类1目3科13种，两栖类1目2科3种，爬行类1目2科2种，鸟类16目37科178种，哺乳类6目16科38种。

记录到国家重点保护野生动物30种。其中，国家Ⅰ级保护野生动物9种，国家Ⅱ级保护野生动物21种。在国家重点保护野生动物中，湿地鸟类17种，其中，国家Ⅰ级保护鸟类5种，国家Ⅱ级保护鸟类12种。

记录到外来脊椎动物1纲1目2科2种。

于2009年由国家林业局批准建立。受西藏自治区林业厅主管，由林芝地区自然保护区管理局管理。

面临的生态胁迫主要包括以下几个方面：①全球气候变化将导致雅尼来水量的不稳定；②草甸鼠害；③禽流感威胁；④生物入侵；⑤旅游带来的负面影响。受威胁状况等级评定为安全。

29. 嘎朗国家湿地公园

嘎朗国家湿地公园重点调查湿地范围面积2689公顷，湿地面积为1513.54公顷，主要湿地类型为永久性河流、洪泛平原湿地。地理坐标为东经95°35′~95°40′，北纬29°53′~29°55′；位于波密县。

调查中记录到湿地高等植物36科45属153种。

湿地植被可划分为3个植被型组，8个植被型，20个群系

调查中记录到湿地脊椎动物5纲27目66科345种。其中，鱼类2目4科10种，两栖类1目3科5种，爬行类2目3科4种，鸟类17目39科274种，哺乳类5目17科52种。

记录到国家重点保护野生动物50种。其中，国家Ⅰ级保护野生动物10种，国家Ⅱ级保护野生动物40种。在国家重点保护野生动物中，湿地鸟类31种，其中，国家Ⅰ级保护鸟类7种，国家Ⅱ级保护鸟类24种。

记录到外来脊椎动物1纲1目2科2种。

于2009年由国家林业局批准建立。受西藏自治区林业厅主管，由林芝地区自然保护区管理局管理。

嘎朗湖周围的旅游设施基本齐全，但游人较少。总体来说，该区的原始地貌及风景保护状况较好，受威胁状况极其轻微。受威胁状况等级评定为安全。

30. 嘉乃玉错国家湿地公园

嘉乃玉错国家湿地公园重点调查湿地范围面积3504.90公顷，湿地面积为1249.12公顷，主要湿地类型为永久性河流、永久性淡水湖、灌丛沼泽。地理坐标为东经81°05′31.21″~81°37′56.9″，北纬30°32′47.1″~30°52′20.3″；位于嘉黎县。

调查中记录到湿地高等植物3门27科37属56种。

湿地植被可划分为3个植被型组，6个植被型，13个群系。

调查中记录到湿地脊椎动物5纲21目40科91种。其中，鱼类1目1科3种，两栖类1目1

科1种，爬行类1目1科2种，鸟类13目26科68种，哺乳类5目11科18种。

记录到国家重点保护野生动物21种。其中，国家Ⅰ级保护野生动物7种，国家Ⅱ级保护野生动物14种。在国家重点保护野生动物中，湿地鸟类17种，其中，国家Ⅰ级保护鸟类7种，国家Ⅱ级保护鸟类10种。

记录到外来脊椎动物1纲1目1科1种。

于2011年由国家林业局批准建立。受自治区林业厅主管，由嘉黎县林业局管理。

随着人畜数量的不断增加，该湿地区面临过度放牧和湿地面积不断缩小的威胁。受威胁状况等级评定为安全。

31. 当惹雍错国家湿地公园

当惹雍错国家湿地公园重点调查湿地范围面积138174公顷，湿地面积为84421.40公顷，主要湿地类型为洪泛平原湿地、永久性咸水湖、沼泽化草甸。地理坐标为东经86°17′25″~86°49′21″，北纬30°41′30″~31°25′24″；位于尼玛县。

调查中记录到湿地高等植物2门11科20属29种。

湿地植被可划分为2个植被型组，4个植被型，7个群系。

调查中记录到湿地脊椎动物5纲20目39科86种。其中，鱼类1目2科4种，两栖类1目1科1种，爬行类1目1科2种，鸟类12目24科60种，哺乳类5目11科19种。

记录到国家重点保护野生动物24种。其中，国家Ⅰ级保护野生动物9种，国家Ⅱ级保护野生动物15种。在国家重点保护野生动物中，湿地鸟类18种，其中，国家Ⅰ级保护鸟类7种，国家Ⅱ级保护鸟类11种。

于2011年由国家林业局批准建立。受自治区林业厅主管，由尼玛县林业局管理。

随着人畜数量的不断增加，该湿地区面临过度放牧和湿地面积不断缩小的威胁。受威胁状况等级评定为安全。

32. 阿毛藏布及昂拉仁错

阿毛藏布及昂拉仁错重点调查湿地范围面积57024.33公顷，湿地面积为57024.33公顷，主要湿地类型为永久性河流、季节性或间歇性河流、永久性淡水湖、永久性咸水湖、草本沼泽、沼泽化草甸。地理坐标为东经82°12′~82°22′、北纬31°16′~31°34′；位于革吉县、仲巴县。

调查中记录到湿地高等植物2门6科8属21种。

湿地植被可划分为3个植被型组，4个植被型，7个群系。

调查中记录到湿地脊椎动物4纲20目43科109种。其中，鱼类1目2科7种，爬行类1目1科2种，鸟类12目29科78种，哺乳类6目11科22种。

记录到国家重点保护野生动物27种。其中，国家Ⅰ级保护野生动物10种，国家Ⅱ级保护野生动物17种。在国家重点保护野生动物中，湿地鸟类16种，其中，国家Ⅰ级保护鸟类6种，国家Ⅱ级保护鸟类10种。

主管部门包括农牧、林业、国土等，暂无专门管理机构。

涉及湿地各县尚无工业，特别是湿地所在区域纯属牧区，仅把沿河岸、湖泊周围的沼泽草甸、草本沼泽作为牧场。湿地受人为影响轻微，受威胁状况等级评定为安全。

33. 查木错、塔若错

查木错、塔若错重点调查湿地范围面积109051.92公顷，湿地面积为109051.92公顷，主要湿地类型为永久性河流、季节性或间歇性河流、洪泛平原湿地、永久性淡水湖、永久性咸水湖、季节性淡水湖、草本沼泽、季节性咸水沼泽、沼泽化草甸。地理坐标为东经82°49′~83°22′，北纬31°25′~31°40′；位于仲巴县。

调查中记录到湿地高等植物2门14科30属37种。

湿地植被可划分为3个植被型组，5个植被型，14个群系。

调查中记录到湿地脊椎动物5纲22目46科107种。其中，鱼类1目2科7种，两栖类1目1科1种，爬行类1目2科2种，鸟类14目29科71种，哺乳类5目12科26种。

记录到国家重点保护野生动物34种。其中，国家Ⅰ级保护野生动物11种，国家Ⅱ级保护野生动物23种。在国家重点保护野生动物中，湿地鸟类22种，其中，国家Ⅰ级保护鸟类7种，国家Ⅱ级保护鸟类15种。

主管部门包括农牧、林业、国土等，无专门管理机构。

涉及湿地各县尚无工业，特别是湿地所在区域纯属牧区，仅把沿河岸、湖泊周围的沼泽草甸、草本沼泽作为牧场。湿地受人为影响轻微，湿地受威胁等级评价为安全。

34. 姆错丙尼

姆错丙尼重点调查湿地范围面积14781.76公顷，湿地面积为14781.76公顷，主要湿地类型为永久性咸水湖。地理坐标为东经86°09′~86°20′，北纬30°33′~30°43′；位于昂仁县。

调查中记录到湿地高等植物2门14科29属35种。

湿地植被可划分为3个植被型组，4个植被型，12个群系。

调查中记录到湿地脊椎动物5纲21目46科96种。其中，鱼类1目2科6种，两栖类1目1科1种，爬行类1目2科2种，鸟类13目25科61种，哺乳类5目12科26种。

记录到国家重点保护野生动物26种。其中，国家Ⅰ级保护野生动物7种，国家Ⅱ级保护野生动物19种。在国家重点保护野生动物中，湿地鸟类21种，其中，国家Ⅰ级保护鸟类7种，国家Ⅱ级保护鸟类14种。

主管部门包括农牧、林业、国土等，暂无专门管理机构。

目前尚未对该重点湿地区进行开发利用，不存在受威胁状况。受威胁状况等级评定为安全。

35. 帕龙错

帕龙错重点调查湿地范围面积14392.82公顷，湿地面积为14392.82公顷，主要湿地类型为永久性咸水湖。地理坐标为东经83°33′~83°35′，北纬30°51′~30°52′；位于仲巴县。

调查中记录到湿地高等植物2门13科17属27种。

湿地植被可划分为3个植被型组，4个植被型，11个群系。

调查中记录到湿地脊椎动物5纲22目46科104种。其中，鱼类1目2科7种，两栖类1目1

科1种，爬行类1目2科2种，鸟类14目29科68种，哺乳类5目12科26种。

记录到国家重点保护野生动物23种。其中，国家Ⅰ级保护野生动物10种，国家Ⅱ级保护野生动物23种。在国家重点保护野生动物中，湿地鸟类21种，其中，国家Ⅰ级保护鸟类7种，国家Ⅱ级保护鸟类14种。

主管部门包括农牧、林业、国土等，暂无专门管理机构。

目前尚未对该重点湿地区进行开发利用，不存在受威胁状况。受威胁状况等级评定为安全。

36. 仁青休布错

仁青休布错重点调查湿地范围面积18771.58公顷，湿地面积为18771.58公顷，主要湿地类型为永久性咸水湖。地理坐标为东经83°33′~83°35′，北纬30°51′~30°52′；位于仲巴县。

调查中记录到湿地高等植物2门7科13属31种。

湿地植被可划分为3个植被型组，5个植被型，9个群系。

调查中记录到湿地脊椎动物5纲22目46科100种。其中，鱼类1目2科7种，两栖类1目1科1种，爬行类1目2科2种，鸟类14目29科66种，哺乳类5目12科21种。

记录到国家重点保护野生动物32种。其中，国家Ⅰ级保护野生动物11种，国家Ⅱ级保护野生动物21种。在国家重点保护野生动物中，湿地鸟类20种，其中，国家Ⅰ级保护鸟类7种，国家Ⅱ级保护鸟类13种。

主管部门包括农牧、林业、国土等，暂无专门管理机构。

目前尚未对该重点湿地区进行开发利用，不存在受威胁状况。受威胁状况等级评定为安全。

37. 许如错

许如错重点调查湿地范围面积20946.16公顷，湿地面积为20946.16公顷，主要湿地类型为永久性咸水湖。地理坐标为东经86°20′~86°29′，北纬30°10′~30°22′；位于昂仁县。

调查中记录到湿地高等植物2门7科13属30种。

湿地植被可划分为3个植被型组，5个植被型，9个群系。

调查中记录到湿地脊椎动物5纲22目46科103种。其中，鱼类1目2科7种，两栖类1目1科1种，爬行类1目2科2种，鸟类14目29科69种，哺乳类5目12科24种。

记录到国家重点保护野生动物31种。其中，国家Ⅰ级保护野生动物11种，国家Ⅱ级保护野生动物20种。在国家重点保护野生动物中，湿地鸟类21种，其中，国家Ⅰ级保护鸟类7种，国家Ⅱ级保护鸟类14种。

主管部门包括农牧、林业、国土等，暂无专门管理机构。

目前尚未对该重点湿地区进行开发利用，不存在受威胁状况。受威胁状况等级评定为安全。

38. 达瓦错

达瓦错重点调查湿地范围面积12834.40公顷，湿地面积为12834.40公顷，主要湿地类型为永久性淡水湖、草本沼泽。地理坐标为东经84°52′~85°07′，北纬31°10′~31°22′；位于措勤县。

调查中记录到湿地高等植物2门7科13属28种。

湿地植被可划分为3个植被型组，5个植被型，9个群系。

调查中记录到湿地脊椎动物5纲22目43科109种。其中，鱼类1目2科7种，两栖类1目1科1种，爬行类1目1科2种，鸟类14目29科78种，哺乳类5目11科22种。

记录到国家重点保护野生动物36种。其中，国家Ⅰ级保护野生动物12种，国家Ⅱ级保护野生动物24种。在国家重点保护野生动物中，湿地鸟类26种，其中，国家Ⅰ级保护鸟类9种，国家Ⅱ级保护鸟类17种。

主管部门包括农牧、林业、国土等，暂无专门管理机构。

目前尚未对该重点湿地区进行开发利用，不存在受威胁状况。受威胁状况等级评定为安全。

39. 达则错

达则错重点调查湿地范围面积29092.36公顷，湿地面积为29092.36公顷，主要湿地类型为永久性淡水湖、沼泽化草甸。地理坐标为东经87°40′~87°55′，北纬32°43′~32°50′；位于双湖特别区。

调查中记录到湿地高等植物2门7科13属33种。

湿地植被可划分为3个植被型组，5个植被型，9个群系。

调查中记录到湿地脊椎动物3纲15目24科61种。其中，爬行类1目1科2种，鸟类10目17科49种，哺乳类4目6科10种。

记录到国家重点保护野生动物24种。其中，国家Ⅰ级保护野生动物9种，国家Ⅱ级保护野生动物15种。在国家重点保护野生动物中，湿地鸟类18种，其中，国家Ⅰ级保护鸟类7种，国家Ⅱ级保护鸟类11种。

主管部门包括农牧、林业、国土等，暂无专门管理机构。

随着人畜数量的不断增加，该湿地区面临过度放牧和湿地面积不断缩小的威胁。另外，当地老百姓有捡拾斑头雁等鸟类蛋的行为，对其种群数量也带来一定的危害。受威胁状况等级评定为安全。

40. 多尔索洞错湖群

多尔索洞错湖群重点调查湿地范围面积109495.57公顷，湿地面积为109495.57公顷，主要湿地类型为永久性河流、季节性或间歇性河流、永久性淡水湖、永久性咸水湖、草本沼泽、季节性咸水沼泽、沼泽化草甸。地理坐标为东经89°30′~90°19′，北纬33°16′~33°32′；位于双湖特别区、安多县。

调查中记录到湿地高等植物2门7科13属31种。

湿地植被可划分为3个植被型组，5个植被型，10个群系。

调查中记录到湿地脊椎动物3纲14目24科61种。其中，爬行类1目1科2种，鸟类9目17科49种，哺乳类4目6科10种。

记录到国家重点保护野生动物24种。其中，国家Ⅰ级保护野生动物9种，国家Ⅱ级保护野生动物15种。在国家重点保护野生动物中，湿地鸟类18种，其中，国家Ⅰ级保护鸟类7种，国家Ⅱ级保护鸟类11种。

主管部门包括农牧、林业、国土等，暂无专门管理机构。

随着人畜数量的不断增加，该湿地区面临过度放牧和湿地面积不断缩小的威胁。受威胁状况等级评定为安全。

41. 果芒错

果芒错重点调查湿地范围面积 11106. 15 公顷，湿地面积为 11106. 15 公顷，主要湿地类型为永久性淡水湖。地理坐标为东经 89°09′～89°15′，北纬 31°08′～31°18′；位于申扎县、班戈县。

调查中记录到湿地高等植物 2 门 7 科 13 属 27 种。

湿地植被可划分为 3 个植被型组，5 个植被型，9 个群系。

调查中记录到湿地脊椎动物 5 纲 21 目 42 科 70 种。其中，鱼类 1 目 2 科 4 种，两栖类 1 目 1 科 1 种，爬行类 1 目 1 科 2 种，鸟类 13 目 29 科 50 种，哺乳类 5 目 8 科 13 种。

记录到国家重点保护野生动物 28 种。其中，国家Ⅰ级保护野生动物 10 种，国家Ⅱ级保护野生动物 18 种。在国家重点保护野生动物中，湿地鸟类 18 种，其中，国家Ⅰ级保护鸟类 7 种，国家Ⅱ级保护鸟类 11 种。

主管部门包括农牧、林业、国土等，暂无专门管理机构。

随着人畜数量的不断增加，该湿地区面临过度放牧和湿地面积不断缩小的威胁。受威胁状况等级评定为安全。

42. 杰萨错

杰萨错重点调查湿地范围面积 14784. 93 公顷，湿地面积为 14784. 93 公顷，主要湿地类型为永久性淡水湖。地理坐标为东经 84°41′～84°52′，北纬 30°05′～30°21′；位于措勤县。

调查中记录到湿地高等植物 2 门 7 科 12 属 27 种。

湿地植被可划分为 3 个植被型组，5 个植被型，8 个群系。

调查中记录到湿地脊椎动物 5 纲 17 目 26 科 65 种。其中，鱼类 1 目 2 科 5 种，两栖类 1 目 1 科 1 种，爬行类 1 目 1 科 1 种，鸟类 9 目 14 科 41 种，哺乳类 5 目 8 科 14 种。

记录到国家重点保护野生动物 30 种。其中，国家Ⅰ级保护野生动物 10 种，国家Ⅱ级保护野生动物 20 种。在国家重点保护野生动物中，湿地鸟类 20 种，其中，国家Ⅰ级保护鸟类 7 种，国家Ⅱ级保护鸟类 13 种。

主管部门包括农牧、林业、国土等，暂无专门管理机构。

涉及湿地各县尚无工业，特别是湿地所在区域纯属牧区，仅把沿河岸、湖泊周围的沼泽草甸、草本沼泽作为牧场，湿地受人为影响轻微。受威胁状况等级评定为安全。

43. 结则茶卡

结则茶卡重点调查湿地范围面积 17528. 99 公顷，湿地面积为 17528. 99 公顷，主要湿地类型为永久性咸水湖、季节咸水沼泽。地理坐标为东经 80°32′～80°48′，北纬 33°58′～34°03′；位于日土县。

调查中记录到湿地高等植物 2 门 5 科 6 属 17 种。

湿地植被可划分为2个植被型组，3个植被型，6个群系。

调查中记录到湿地脊椎动物5纲23目43科97种。其中，鱼类1目2科6种，两栖类1目1科1种，爬行类1目2科3种，鸟类14目26科62种，哺乳类6目13科25种。

记录到国家重点保护野生动物31种。其中，国家Ⅰ级保护野生动物11种，国家Ⅱ级保护野生动物20种。在国家重点保护野生动物中，湿地鸟类18种，其中，国家Ⅰ级保护鸟类5种，国家Ⅱ级保护鸟类13种。

主管部门包括农牧、林业、国土等，暂无专门管理机构。

涉及湿地区均无工业，特别是湿地所在区域属纯牧区，仅把沿河岸、湖泊周围的沼泽草甸、草本沼泽作为牧场，其他湿地区均为原生状态，湿地受人为影响轻微。受威胁状况等级评定为安全。

44. 拉果错东南沼泽湿地

拉果错东南沼泽湿地重点调查湿地范围面积12101.03公顷，湿地面积为12101.03公顷，主要湿地类型为永久性咸水湖。地理坐标为东经84°17′~84°32′，北纬31°50′~32°01′；位于改则县。

调查中记录到湿地高等植物2门7科13属31种。

湿地植被可划分为3个植被型组，5个植被型，10个群系。

调查中记录到湿地脊椎动物4纲20目40科99种。其中，鱼类1目1科2种，爬行类1目1科2种，鸟类13目27科72种，哺乳类5目11科22种。

记录到国家重点保护野生动物24种。其中，国家Ⅰ级保护野生动物8种，国家Ⅱ级保护野生动物16种。在国家重点保护野生动物中，湿地鸟类15种，其中，国家Ⅰ级保护鸟类5种，国家Ⅱ级保护鸟类10种。

主管部门包括农牧、林业、国土等，暂无专门管理机构。

涉及湿地区尚无工业，特别是湿地所在区域纯属牧区，仅沿河岸、湖泊周围的沼泽草甸、草本沼泽作为牧场，有一定程度的过牧现象。总体评价，湿地受人为影响轻微。受威胁状况等级评定为轻度。

45. 普莫雍错

普莫雍错重点调查湿地范围面积31889.49公顷，湿地面积为31889.49公顷，主要湿地类型为洪泛平源湿地、永久性淡水湖、永久性咸水湖、草本沼泽。地理坐标为东经90°13′~90°33′，北纬28°30′~28°38′；位于浪卡子县。

调查中记录到湿地高等植物2门8科15属39种。

湿地植被可划分为3个植被型组，6个植被型，14个群系。

调查中记录到湿地脊椎动物4纲22目45科105种。其中，鱼类1目2科3种，爬行类1目1科2种，鸟类15目29科78种，哺乳类5目11科22种。

记录到国家重点保护野生动物34种。其中，国家Ⅰ级保护野生动物12种，国家Ⅱ级保护野生动物22种。在国家重点保护野生动物中，湿地鸟类24种，其中，国家Ⅰ级保护鸟类9种，国家Ⅱ级保护鸟类15种。

主管部门包括农牧、林业、国土等，暂无专门管理机构。

普莫雍错湖湿地自然保护较好，破坏较轻微，湖泊周围少量居民的放牧对普莫雍错周边的沼泽草地造成的危害轻微。但由于自然气候导致的风沙较大，湖泊周围的部分沼泽地受到了不同程度的危害，有的已逐步沙化、有的已全部沙化，生态环境趋向于逆行演替。受威胁状况等级评定为轻度。

46. 其香错

其香错重点调查湿地范围面积18389.98公顷，湿地面积为18389.98公顷，主要湿地类型为永久性咸水湖、沼泽化草甸。地理坐标为东经89°51′~90°04′，北纬32°23′~32°31′；位于双湖特别区。

调查中记录到湿地高等植物2门7科9属22种。

湿地植被可划分为2个植被型组，4个植被型，8个群系。

调查中记录到湿地脊椎动物3纲15目24科61种。其中，爬行类1目1科2种，鸟类10目17科49种，哺乳类4目6科10种。

记录到国家重点保护野生动物24种。其中，国家Ⅰ级保护野生动物9种，国家Ⅱ级保护野生动物15种。在国家重点保护野生动物中，湿地鸟类18种，其中，国家Ⅰ级保护鸟类7种，国家Ⅱ级保护鸟类11种。

主管部门包括农牧、林业、国土等，暂无专门管理机构。

随着人畜数量的不断增加，该湿地区面临过度放牧和湿地面积不断缩小的威胁。受威胁状况等级评定为安全。

47. 夏嘎错沼泽湿地

夏嘎错沼泽湿地重点调查湿地范围面积18434.74公顷，湿地面积为18434.74公顷，主要湿地类型为洪泛平原湿地、永久性咸水湖、沼泽化草甸湿地。地理坐标为东经83°41′~84°00′，北纬32°16′~32°23′；位于改则县。

调查中记录到湿地高等植物2门7科13属31种。

湿地植被可划分为3个植被型组，5个植被型，9个群系。

调查中记录到湿地脊椎动物4纲21目40科99种。其中，鱼类1目1科2种，爬行类1目1科2种，鸟类13目27科72种，哺乳类6目11科22种。

记录到国家重点保护野生动物26种。其中，国家Ⅰ级保护野生动物8种，国家Ⅱ级保护野生动物18种。在国家重点保护野生动物中，湿地鸟类17种，其中，国家Ⅰ级保护鸟类5种，国家Ⅱ级保护鸟类12种。

主管部门包括农牧、林业、国土等，暂无专门管理机构。

涉及湿地各县尚无工业，特别是湿地所在区域纯属牧区，仅把沿河岸、湖泊周围的沼泽草甸、草本沼泽作为牧场，湿地受人为影响轻微。受威胁状况等级评定为安全。

48. 泽错

泽错重点调查湿地范围面积 11703.40 公顷，湿地面积为 11703.40 公顷，主要湿地类型为永久性咸水湖。地理坐标为东经 79°51′~79°43′，北纬 34°14′~34°04′；位于日土县。

调查中记录到湿地高等植物 2 门 5 科 8 属 19 种。

湿地植被可划分为 3 个植被型组，4 个植被型，7 个群系。

调查中记录到湿地脊椎动物 4 纲 13 目 22 科 53 种。其中，鱼类 1 目 1 科 3 种，爬行类 1 目 1 科 1 种，鸟类 7 目 13 科 37 种，哺乳类 4 目 7 科 12 种。

记录到国家重点保护野生动物 26 种。其中，国家Ⅰ级保护野生动物 9 种，国家Ⅱ级保护野生动物 17 种。在国家重点保护野生动物中，湿地鸟类 18 种，其中，国家Ⅰ级保护鸟类 6 种，国家Ⅱ级保护鸟类 12 种。

主管部门包括农牧、林业、国土等，暂无专门管理机构。

涉及湿地区均无工业，特别是湿地所在区域属纯牧区，仅把沿河岸、湖泊周围的沼泽草甸、草本沼泽作为牧场，其他湿地区均为原生状态，湿地受人为影响轻微。受威胁状况等级评定为安全。

49. 扎普西沼泽湿地

扎普西沼泽湿地重点调查湿地范围面积 19328.67 公顷，湿地面积为 19328.67 公顷，主要湿地类型为季节性或间歇性河流、洪泛平原湿地、永久性淡水湖、永久性咸水湖、内陆盐沼、季节性咸水沼泽、沼泽化草甸。地理坐标为东经 80°13′~80°44′，北纬 33°16′~33°29′；位于日土县。

调查中记录到湿地高等植物 2 门 5 科 8 属 19 种。

湿地植被可划分为 3 个植被型组，4 个植被型，6 个群系。

调查中记录到湿地脊椎动物 4 纲 23 目 43 科 103 种。其中，鱼类 1 目 2 科 6 种，两栖类 1 目 1 科 1 种，爬行类 1 目 2 科 3 种，鸟类 14 目 26 科 66 种，哺乳类 6 目 13 科 27 种。

记录到国家重点保护野生动物 33 种。其中，国家Ⅰ级保护野生动物 12 种，国家Ⅱ级保护野生动物 21 种。在国家重点保护野生动物中，湿地鸟类 21 种，其中，国家Ⅰ级保护鸟类 7 种，国家Ⅱ级保护鸟类 14 种。

主管部门包括农牧、林业、国土等，暂无专门管理机构。

涉及湿地各县尚无工业，特别是湿地所在区域纯属牧区，仅把沿河岸、湖泊周围的沼泽草甸、草本沼泽作为牧场，湿地受人为影响轻微，湿地受威胁等级评价为安全。

50. 果普错沼泽湿地

果普错沼泽湿地重点调查湿地范围面积 5990.18 公顷，湿地面积为 5990.18 公顷，主要湿地类型为永久性咸水湖。地理坐标为东经 83°02′~83°19′，北纬 31°49′~31°58′；位于改则县。

调查中记录到湿地高等植物 2 门 8 科 11 属 29 种。

湿地植被可划分为 3 个植被型组，5 个植被型，13 个群系。

调查中记录到湿地脊椎动物 4 纲 21 目 40 科 99 种。其中，鱼类 1 目 1 科 2 种，爬行类 1 目 1

科2种，鸟类14目27科72种，哺乳类5目11科22种。

记录到国家重点保护野生动物30种。其中，国家Ⅰ级保护野生动物10种，国家Ⅱ级保护野生动物20种。在国家重点保护野生动物中，湿地鸟类19种，其中，国家Ⅰ级保护鸟类6种，国家Ⅱ级保护鸟类13种。

主管部门包括农牧、林业、国土等，暂无专门管理机构。

涉及湿地各县尚无工业，特别是湿地所在区域纯属牧区，仅把沿河岸、湖泊周围的沼泽草甸、草本沼泽作为牧场，湿地受人为影响轻微，湿地受威胁等级评价为安全。

51. 贡觉沼泽湿地

贡觉沼泽湿地重点调查湿地范围面积9965.01公顷，湿地面积为9965.01公顷，主要湿地类型为永久性河流、洪泛平原湿地、永久性淡水湖、草本沼泽、沼泽化草甸。地理坐标为东经98°12′~98°22′，北纬30°19′~30°25′；位于贡觉县。

调查中记录到湿地高等植物3门15科38属69种。

湿地植被可划分为3个植被型组，5个植被型，15个群系。

调查中记录到湿地脊椎动物4纲目52科140种。其中，鱼类1目2科10种，两栖类1目2科7种，鸟类16目32科86种，哺乳类10目16科37种。

记录到国家重点保护野生动物29种。其中，国家Ⅰ级保护野生动物10种，国家Ⅱ级保护野生动物19种。在国家重点保护野生动物中，湿地鸟类18种，其中，国家Ⅰ级保护鸟类7种，国家Ⅱ级保护鸟类11种。

该重点湿地区属于县级自然保护区，管理机构主要是贡觉县林业局。

重点湿地区内道路扩建，对湿地生态有一定程度的影响。受威胁状况等级评定为安全。

52. 乌马曲沼泽湿地

乌马曲沼泽湿地重点调查湿地范围面积9668.42公顷，湿地面积为9668.42公顷，主要湿地类型为永久性河流、洪泛平原湿地、草本沼泽。地理坐标为东经90°41′~90°56′，北纬30°18′~30°24′；位于当雄县。

调查中记录到湿地高等植物3门13科25属43种。

湿地植被可划分为3个植被型组，5个植被型，14个群系。

调查中记录到湿地脊椎动物5纲25目57科224种。其中，鱼类2目3科11种，两栖类1目1科2种，爬行类1目3科4种，鸟类16目38科182种，哺乳类7目12科25种。

记录到国家重点保护野生动物23种。其中，国家Ⅰ级保护野生动物7种，国家Ⅱ级保护野生动物16种。在国家重点保护野生动物中，湿地鸟类14种，其中，国家Ⅰ级保护鸟类5种，国家Ⅱ级保护鸟类9种。

主管部门包括农牧、林业、国土等，暂无专门管理机构。

湿地大部分保护良好，局部区域因靠近城镇有垃圾残留。受威胁状况等级评定为安全。

53. 哲古错

哲古错重点调查湿地范围面积 9056.28 公顷，湿地面积为 9056.28 公顷，主要湿地类型为洪泛平原湿地、永久性淡水湖、永久性咸水湖、草本沼泽。地理坐标为东经 91°18′~91°40′，北纬 28°29′~28°48′；位于措美县。

调查中记录到湿地高等植物 3 门 13 科 25 属 41 种。

湿地植被可划分为 3 个植被型组，4 个植被型，12 个群系。

调查中记录到湿地脊椎动物 4 纲 23 目 48 科 117 种。其中，鱼类 1 目 2 科 3 种，爬行类 1 目 1 科 2 种，鸟类 15 目 29 科 87 种，哺乳类 6 目 11 科 25 种。

记录到国家重点保护野生动物 34 种。其中，国家Ⅰ级保护野生动物 12 种，国家Ⅱ级保护野生动物 22 种。在国家重点保护野生动物中，湿地鸟类 24 种，其中，国家Ⅰ级保护鸟类 9 种，国家Ⅱ级保护鸟类 15 种。

主管部门包括农牧、林业、国土等，暂无专门管理机构。

湿地自然保护较好，破坏较轻微，湖泊周围有少量居民放牧，对湖周边的沼泽草地造成的危害轻微，但由于风沙较大，湖泊周围的部分沼泽地受到了不同程度的危害，有的已逐步沙化、退化，应进行有计划的保护和修复。受威胁状况等级评定为轻度。

54. 兹格塘错

兹格塘错重点调查湿地范围面积 22832.81 公顷，湿地面积为 22832.81 公顷，主要湿地类型为永久性咸水湖。地理坐标为东经 90°43′~90°57′，北纬 31°59′~32°09′；位于安多县。

调查中记录到湿地高等植物 3 门 13 科 21 属 33 种。

湿地植被可划分为 3 个植被型组，4 个植被型，11 个群系。

调查中记录到湿地脊椎动物 5 纲 16 目 26 科 64 种。其中，鱼类 1 目 1 科 3 种，两栖类 1 目 1 科 1 种，爬行类 1 目 1 科 2 种，鸟类 10 目 17 科 48 种，哺乳类 3 目 6 科 10 种。

记录到国家重点保护野生动物 24 种。其中，国家Ⅰ级保护野生动物 9 种，国家Ⅱ级保护野生动物 15 种。在国家重点保护野生动物中，湿地鸟类 18 种，其中，国家Ⅰ级保护鸟类 7 种，国家Ⅱ级保护鸟类 11 种。

主管部门包括农牧、林业、国土等，暂无专门管理机构。

随着人畜数量的不断增加，该湿地区面临过度放牧和湿地面积不断缩小的威胁。另外，当地老百姓有捡拾斑头雁、赤麻鸭等鸟类蛋的行为，对鸟类的种群数量带来一定的威胁。受威胁状况等级评定为安全。

55. 多格错仁湖

多格错仁湖重点调查湿地范围面积 44931.84 公顷，湿地面积为 44931.84 公顷，主要湿地类型为季节性或间歇性河流、永久性咸水湖。地理坐标为东经 88°28′~88°49′，北纬 34°36′~34°50′；位于双湖特别区、安多县。

调查中记录到湿地高等植物 1 门 5 科 7 属 18 种。

湿地植被可划分为1个植被型组，2个植被型，3个群系。

调查中记录到湿地脊椎动物3纲14目23科56种。其中，爬行类1目1科2种，鸟类9目15科40种，哺乳类4目8科14种。

记录到国家重点保护野生动物23种。其中，国家Ⅰ级保护野生动物10种，国家Ⅱ级保护野生动物13种。在国家重点保护野生动物中，湿地鸟类17种，其中，国家Ⅰ级保护鸟类8种，国家Ⅱ级保护鸟类9种。

主管部门包括农牧、林业、国土等，暂无专门管理机构。

湿地区为纯牧区，基本没有污染；但随着人畜数量不断地增加，草场过度放牧，对其生态平衡将带来极大的压力。受威胁状况等级评定为安全。

56. 古木错

古木错重点调查湿地范围面积3081.40公顷，湿地面积为3081.40公顷，主要湿地类型为永久性河流、洪泛平原湿地、永久性淡水湖。地理坐标为东经81°15′~81°36′，北纬33°03′~33°29′；位于革吉县。

调查中记录到湿地高等植物2门6科11属28种。

湿地植被可划分为1个植被型组，4个植被型，7个群系。

调查中记录到湿地脊椎动物5纲23目43科97种。其中，鱼类1目2科6种，两栖类1目1科1种，爬行类1目2科3种，鸟类14目26科62种，哺乳类6目13科25种。

记录到国家重点保护野生动物24种。其中，国家Ⅰ级保护野生动物8种，国家Ⅱ级保护野生动物16种。在国家重点保护野生动物中，湿地鸟类12种，其中，国家Ⅰ级保护鸟类4种，国家Ⅱ级保护鸟类8种。

主管部门包括农牧、林业、国土等，暂无专门管理机构。

湿地所在区域属纯牧区，仅在湖泊周围的沼泽草甸、草本沼泽作为牧场，湿地受人为影响轻微。受威胁状况等级评定为安全。

57. 仓木错沼泽湿地

仓木错沼泽湿地重点调查湿地范围面积18991.19公顷，湿地面积为18991.19公顷，主要湿地类型为永久性河流、永久性咸水湖、洪泛平原湿地、内陆盐沼、沼泽化草甸。地理坐标为东经83°30′~83°36′，北纬31°58′~32°06′；位于改则县。

调查中记录到湿地高等植物2门9科10属28种。

湿地植被可划分为2个植被型组，4个植被型，9个群系。

调查中记录到湿地脊椎动物4纲21目40科98种。其中，鱼类1目1科2种，爬行类1目1科2种，鸟类14目27科72种，哺乳类5目11科22种。

记录到国家重点保护野生动物22种。其中，国家Ⅰ级保护野生动物7种，国家Ⅱ级保护野生动物15种。在国家重点保护野生动物中，湿地鸟类13种，其中，国家Ⅰ级保护鸟类4种，国家Ⅱ级保护鸟类9种。

主管部门包括农牧、林业、国土等，暂无专门管理机构。

湿地所在区域纯属牧区，仅把沿河岸、湖泊周围的沼泽草甸、草本沼泽作为牧场，湿地受人为影响轻微。受威胁状况等级评定为安全。

58. 帕度错

帕度错重点调查湿地范围面积9432.43公顷，湿地面积为9432.43公顷，主要湿地类型为永久性咸水湖、季节性咸水沼泽。地理坐标为东经87°40′~87°55′，北纬32°43′~32°50′；位于双湖特别区。

调查中记录到湿地高等植物1门5科7属18种。

湿地植被可划分为1个植被型组，2个植被型，3个群系。

调查中记录到湿地脊椎动物3纲14目24科49种。其中，爬行类1目1科2种，鸟类10目17科37种，哺乳类3目6科10种。

记录到国家重点保护野生动物24种。其中，国家Ⅰ级保护野生动物9种，国家Ⅱ级保护野生动物15种。在国家重点保护野生动物中，湿地鸟类18种，其中，国家Ⅰ级保护鸟类7种，国家Ⅱ级保护鸟类11种。

主管部门包括农牧、林业、国土等，暂无专门管理机构。

随着人畜数量的不断增加，该湿地区面临过度放牧和湿地面积不断缩小的威胁。另外，当地老百姓捡拾斑头雁、赤麻鸭等鸟类蛋，对其种群数量带来一定的危害。受威胁状况等级评定为安全。

59. 玛尔盖茶卡

玛尔盖茶卡重点调查湿地范围面积14684.77公顷，湿地面积为14684.77公顷，主要湿地类型为永久性咸水湖。地理坐标为东经86°36′~86°52′，北纬35°04′~35°10′；位于尼玛县。

调查中记录到湿地高等植物1门5科7属18种。

湿地植被可划分为1个植被型组，2个植被型，4个群系。

调查中记录到湿地脊椎动物3纲14目24科60种。其中，爬行类1目1科2种，鸟类10目17科48种，哺乳类3目6科10种。

记录到国家重点保护野生动物24种。其中，国家Ⅰ级保护野生动物9种，国家Ⅱ级保护野生动物15种。在国家重点保护野生动物中，湿地鸟类18种，其中，国家Ⅰ级保护鸟类7种，国家Ⅱ级保护鸟类11种。

主管部门包括农牧、林业、国土等，暂无专门管理机构。

湿地区面临过度放牧和湿地面积不断缩小的威胁。受威胁状况等级评定为安全。

参考文献

[1]达娃．西藏地区水资源利用分析[J]．长江科学院院报，2010(3)：74～78.
[2]杜军．西藏自治区县级气候区划[M]．北京：气象出版社，2011.
[3]段代祥，赵南先．西藏湿地的现状和保护[J]．四川环境，2006，25(2)：63～66.
[4]李矿明，宗嘎，汤晓珍，等．西藏湿地保护现状及发展策略探讨[J]．中南林业调查规划，2010，29(02)：64～67.
[5]李秀芹，徐庆，张国斌．湿地生态系统服务功能及其恢复与保护对策[J]．中国林副特产，2008(50)：82～85.
[6]佟伟，廖志杰，刘时彬，等．西藏温泉志[M]．北京：科学出版社，2000.
[7]吴征镒．青藏高原科学考察丛书——西藏植物志[M]．北京：科学出版社，1987.
[8]西藏自治区测绘局．西藏自治区地图集[M]．内部资料．
[9]西藏自治区地方志编纂委员会．西藏自治区志·动物志[M]．北京：中国藏学出版社，2005.
[10]西藏自治区水产局．西藏鱼类及其资源[M]．北京：中国农业出版社，1995.
[11]西藏自治区水利局．西藏自治区水资源公报[Z]．拉萨：西藏自治区水利厅，2010.
[12]西藏自治区水文总站．西藏自治区水文特征值统计资料[Z]．拉萨：西藏自治区水文水资源勘测局，1984.
[13]西藏自治区统计局，国家统计局西藏调查总队．西藏统计年鉴[M]．北京：中国统计出版社，2011.
[14]西藏自治区土地管理局．西藏自治区土壤资源[M]．北京：科学出版社，1994.
[15]肖笃志，刘速，段士民，等．西藏阿里地区草地资源[M]．阿里地区农牧局，1990.
[16]赵魁义．中国沼泽志[M]．北京：科学出版社，1999.
[17]中国地质科学院成都地质矿产研究所．青藏高原及邻区地质图（1:150万）[M]．北京：地质出版社，1998.
[18]中国科学院青藏高原综合科学考察队．西藏哺乳类[M]．北京：科学出版社，1986.
[19]中国科学院青藏高原综合科学考察队．西藏地层[M]．北京：科学出版社，1984.
[20]中国科学院青藏高原综合科学考察队．西藏第四纪地质[M]．北京：科学出版社，1983.
[21]中国科学院青藏高原综合科学考察队．西藏河流与湖泊[M]．北京：科学出版社，1984.
[22]中国科学院青藏高原综合科学考察队．西藏两栖爬行动物[M]．北京：科学出版社，1987.
[23]中国科学院青藏高原综合科学考察队．西藏鸟类志[M]．北京：科学出版社，1983.
[24]中国科学院青藏高原综合科学考察队．西藏植被[M]．北京：科学出版社，1988.
[25]朱万泽，钟祥浩，范建容．西藏高原湿地生态系统特征及其保护对策[J]．山地学报，增刊2003（21）：7～12.

附　件

西藏湿地资源调查参与单位及人员

一、工作领导小组

组　长：次　仁　自治区政府副主席

副组长：张有年　自治区政府办公厅副秘书长

雷桂龙　自治区林业局局长

成　员：徐建昌　自治区发展和改革委员会副主任

文秋良　自治区财政厅副厅长

张建平　自治区国土资源厅副厅长

徐百志　自治区农牧厅副厅长

陈新强　自治区科技厅副厅长

扎　西　自治区水利厅巡视员

李留丰　自治区交通厅副厅长

刘玉平　自治区环保厅副厅长

李　华　西藏电力有限公司副总经理

尼玛扎西　自治区农科院副院长

二、领导小组办公室

主　任：郭　杰　自治区林业局副局长

副主任：宗　嘎　自治区林业局保护处处长

朱雪林　自治区林业调查规划研究院院长

成　员：刘　莉　自治区财政厅农业处处长

普布旦巴　自治区环保厅生态处处长

田广华　自治区发改委农经处处长

仁　青　自治区农牧厅畜牧水产处副处长

李承志　自治区西藏电力有限公司发展策划部副主任

徐志高　自治区林业局保护处副处长

三、专家技术委员会

主任委员：刘务林　自治区林业调查规划研究院研究员

副主任委员：凌　辉　自治区农牧厅研究员

朱雪林　自治区林业调查规划研究院研究员

委　员：强小林　自治区农科院研究员

陈裕祥　自治区农科院研究员

巴桑罗布 自治区林业局高级工程师

李 晖 自治区科技厅副研究员

仓决卓玛 自治区科技厅副研究员

巴桑赤列 自治区水利厅工程师

巴桑次仁 自治区环保厅工程师

四、技术支撑单位

国家林业局中南林业调查规划设计院

五、组织单位

西藏自治区林业厅

六、调查单位

西藏自治区林业调查规划研究院

七、主要参加人员(按拼音排序)

巴桑赤列 巴桑次仁 巴桑罗布 边巴多吉 才旺多吉 仓决卓玛 车买和 陈裕详
赤来 次多 次平 达娃 丹丁 但新球 丁晨曦 丁玉珂 嘎玛次珠 辜正翔 郭杰
何勇 兰忠 朗杰 雷桂龙 李炳章 李晖 梁文业 凌辉 刘务林 卢伟 吕永磊
尼玛 尼玛平措 聂峰 普布次仁 普布顿珠 普琼 强小林 舒勇 孙包鹏 索朗次旦
索朗多吉 汤光伟 土艳丽 吴云华 吴协保 吴照柏 宗嘎 赵矿 朱雪林

后 记

为进一步摸清全国湿地资源现状，掌握湿地资源动态变化情况，有针对性地强化湿地保护政策，国家林业局在2009～2013年组织开展了第二次全国湿地资源调查。按照国家林业局的统一部署，西藏作为第二批开展全国第二次湿地资源调查的九个省(区)之一，于2010年1月～2013年9月组织开展了全区湿地资源调查工作。本次湿地资源调查对西藏自治区行政区域内所有面积为8公顷(含8公顷)以上的湖泊湿地、沼泽湿地、人工湿地以及宽度10米以上，长度5公里以上的河流湿地进行了调查，基本摸清了西藏自治区湿地资源的分布、类型、数量以及主要生态特征，完成了全区湿地动物、植物资源调查，并对国际重要湿地、国家重要湿地、湿地类型保护区、湿地公园等开展了重点调查。依托调查成果，建立了西藏自治区湿地资源数据信息库，编绘了全区湿地资源分布图，为全区湿地保护管理决策提供了科学依据。同时，本次湿地资源调查采用了新方法、新技术，培养了一大批湿地保护管理人员与专业技术人才，夯实了湿地保护基础，宣传了湿地保护工作的重要性，对全区湿地保护管理事业具有重要的科学指导和人才储备作用。

此次调查统计表明，西藏自治区湿地资源丰富，特点鲜明。一是湿地率高。全区湿地总面积652.90公顷(不含水稻田面积0.15万公顷)，湿地面积占国土面积的比率(即湿地率)为5.31%。二是湿地类型多样。全区有河流湿地、湖泊湿地、沼泽湿地、人工湿地4个湿地类，有永久性河流、永久性淡水湖、草本沼泽、库塘等17个湿地型。三是湿地动植物资源丰富。全区湿地脊椎动物有360种，隶属于5纲22目56科；湿地植物有591种，隶属65科205属。四是湿地文化底蕴深厚。五是湿地受干扰强度低。六是湿地国际生态地位高。

本书是在总结分析西藏自治区第二次湿地资源调查成果的基础上编撰而成，是一本全面系统介绍西藏自治区湿地资源的专著。可作为我区湿地资源的本底资料，将为全区湿地资源保护管理、合理利用、科研监测、规划决策等提供科学依据。

全书共6章18节，其中，第一、五、六章，由朱雪林、李炳章、黄哲、张虎成、吕永磊撰写；第二章由李炳章、吕永磊撰写；第三章由朱雪林、李炳章、吕永磊、边巴多吉、吴建普、陈越、次平、丹丁、舒服撰写；第四章由李炳章、吕永磊、边巴多吉、吴建普撰写；附录1、附录2由吕永磊完成；附录3由刘务林、李炳章、吴建普、吕永磊、舒服、陈越完成。全书照片均由刘务林、朱雪林、李炳章、吕永磊、边巴多吉、吴建普、梁文业、丹丁提供。

在自治区人民政府的亲切关怀指导下，西藏自治区第二次湿地资源调查工作得到了自治区发展改革委、财政厅等相关部门和各地(市)行署(政府)的大力支持；国家林业局湿地保护管理中心对我区湿地调查工作给予了悉心指导和支持，国家林业局中南林业调查规划设计院作为国家层面技术支撑单位发挥了重要的技术支撑作用。在此，我们对所有给调查工作给予指导帮助，并付出辛勤劳动和汗水的各位领导、专家，对各界热心人士表示衷心感谢！对所有参加过调查的同志致以崇高的敬意！

由于编写组成员水平有限，书中难免有不足之处，诚请批评指正。

《中国湿地资源·西藏卷》编写组

2015 年 12 月